海鹰智库丛书

ELECTRONIC INFORMATION TECHNOLOGY

电子信息技术篇

北京海鹰科技情报研究所 汇 编

刘 侃 主 编

侯晓艳 副主编

隋 毅 周 军 参 编

北京理工大学出版社
BEIJING INSTITUTE OF TECHNOLOGY PRESS

图书在版编目(CIP)数据

海鹰智库丛书. 电子信息技术篇 / 北京海鹰科技情报研究所汇编. —北京:北京理工大学出版社,2021.1
ISBN 978-7-5682-8991-7

Ⅰ.①海…　Ⅱ.①北…　Ⅲ.①电子信息-文集　Ⅳ.①TJ-53 ②G202-53

中国版本图书馆 CIP 数据核字(2020)第 163562 号

出版发行 / 北京理工大学出版社有限责任公司
社　　址 / 北京市海淀区中关村南大街 5 号
邮　　编 / 100081
电　　话 / (010)68914775(总编室)
(010)82562903(教材售后服务热线)
(010)68948351(其他图书服务热线)
网　　址 / http://www.bitpress.com.cn
经　　销 / 全国各地新华书店
印　　刷 / 保定市中画美凯印刷有限公司
开　　本 / 710 毫米×1000 毫米　1/16
印　　张 / 11.25
字　　数 / 147 千字
版　　次 / 2021 年 1 月第 1 版　2021 年 1 月第 1 次印刷
定　　价 / 56.00 元

责任编辑 / 孙　澍
文案编辑 / 朱　言
责任校对 / 周瑞红
责任印制 / 李志强

FOREWORD / 前言

武器装备作为世界各国维护国家安全和稳定的国之利器，其技术的先进程度一直备受瞩目。随着新时期武器装备持续升级，作战样式和概念持续更新，技术创新与应用推动国防关键技术和前沿技术不断取得突破。近年来，北京海鹰科技情报研究所主办的《飞航导弹》《无人系统技术》、承办的《战术导弹技术》期刊，围绕世界先进装备发展情况开展选题，陆续组织刊发了一系列优秀论文，受到了广泛关注。

为全面深入反映世界导弹武器系统相关技术领域的发展和研究情况，帮助对武器装备相关技术领域感兴趣的广大读者全面、深入了解导弹武器装备相关技术领域的研究成果和发展动向，北京海鹰科技情报研究所借助《飞航导弹》《战术导弹技术》《无人系统技术》三刊的出版资源，结合当前研究热点，从总体技术、导航制导与控制、人工智能技术、高超声速技术、电子信息技术等五个领域入手，每个领域汇集情报跟踪分析、前沿技术研究、关键技术研究等相关文章，力求集中反映该领域的发展情况，以专题形式汇编成书，五大领域集合形成海鹰智库丛书，旨在借助已有学术资源，通过信息重组，挖掘归类形成新的知识成果，服务于科技创新。

本书在汇编过程中，得到了各级领导和作者的大力支持，编写工作委员会对丛书进行了认真审阅和精心指导，编辑人员开展了细致的审校工作。在此，向为本书出版作出努力的所有同志表示衷心的感谢！

尽管编撰组作了大量的工作，但由于时间仓促，水平有限，书中有不妥之处在所难免，恳请读者批评指正。

2020 年 8 月

CONTENTS / 目录

基于压缩感知的 ISAR 成像技术综述

朱晓秀　胡文华　郭宝锋

本文从信号的稀疏表示、测量矩阵的设计和信号的重构三个方面简要介绍了压缩感知理论，然后系统地总结了基于压缩感知的 ISAR 成像技术并分析归纳了当前研究的热点问题。

引　言

逆合成孔径雷达（Inverse Synthetic Aperture Radar，ISAR）[1]具有全天候、全天时、作用距离远和分辨率高等特点，在军用和民用领域都有广泛的应用。由雷达成像原理可知[1]，ISAR 成像的距离向和方位向分辨率分别由雷达发射信号的带宽和对观测角度范围决定，通常采用增加发射信号带宽的方式提高距离向分辨率，增大观测角度范围的方式提高方位向分辨率。但当发射信号带宽增加时，受 Nyquist 采样定理的约束，传统雷达面临采样率较高、数据量较大以及传输处理困难等问题的挑战；当观测角度增大时，容易出现越分辨单元徙动，导致图像分辨率下降。另外，ISAR 常用于对非合作运动目标进行成像，在较长的观测时间内，目标的散射特性变化较大，可能存在较大的多普勒时变，不利于成像，这使方位向分辨率的提高十分困难。

压缩感知（Compressed Sensing，CS）理论[2]的提出打破了传统 Nyquist 采样定理的限制，在信号处理领域掀起了一场变革。该理论表明，只要信号是可压缩的或在某个变换域是稀疏的，就可以用较低的频率采样该信号，用少量的采样信号通过信号重构方法高精度重构出原信号。因此不但有效地减少了数据处理量，降低了采样率，而且提高了分辨精度。2007 年，Baraniuk 首次将 CS 理论应用到雷达成像中。此后，基于 CS 理论的雷达成像技术受到越来越多的关注。本文分析了压缩感知理论，总结了基于 CS 的 ISAR 成像技术，指出了研究的热点问题，并对需要继续研究的方向进行了展望。

1　压缩感知理论

压缩感知理论的基本思想可以描述为：假设 $X_{N\times 1}$是原信号，在某个正交基 $\boldsymbol{\Psi}$ 上是稀疏的且稀疏度为 K，即可表示为 $X_{N\times 1}=\boldsymbol{\Psi}_{N\times N}\theta_{N\times 1}$。其中，$\boldsymbol{\Psi}_{N\times N}$称为稀疏基矩阵，$\theta_{N\times 1}$为稀疏系数。$Y_{M\times N}$是观测信号，且 $Y_{M\times 1}=\boldsymbol{\Phi}_{M\times N}X_{N\times 1}$，$\boldsymbol{\Phi}_{M\times N}$为观测矩阵，则

$$
\begin{aligned}
Y_{M\times 1} &= \boldsymbol{\Phi}_{M\times N}X_{N\times 1} \\
&= \boldsymbol{\Phi}_{M\times N}\boldsymbol{\Psi}_{N\times N}\theta_{N\times 1} = \boldsymbol{\Theta}_{M\times N}\theta_{N\times 1}
\end{aligned} \tag{1}
$$

式中，$\boldsymbol{\Theta}_{M\times N}=\boldsymbol{\Phi}_{M\times N}\boldsymbol{\Psi}_{N\times N}$称为传感矩阵。压缩感知问题就转化为已知观测值 $Y_{M\times N}$和观测矩阵 $\boldsymbol{\Phi}_{M\times N}$的基础上，通过解出 $\theta_{N\times 1}$的逼近值 $\theta'_{N\times 1}$，再由 $X'_{N\times 1}=\boldsymbol{\Psi}_{N\times N}\theta'_{N\times 1}$，恢复出原始信号 $X_{N\times 1}$。

图 1 给出了压缩感知的基本流程框架，可以看出，压缩感知对信号的处理主要包括三个核心部分，即信号的稀疏表示、观测矩阵的设计和信号的重构。

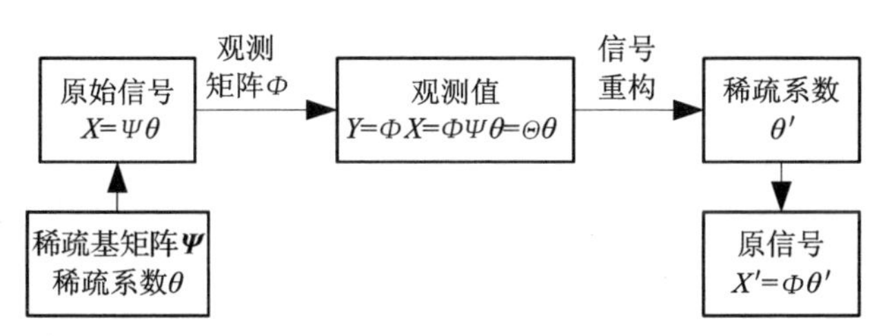

图 1　压缩感知的基本流程框架

1.1　信号的稀疏表示

信号的稀疏表示是应用 CS 技术的基本前提。根据信号的不同，合理选择稀疏基矩阵 $\boldsymbol{\Psi}$，使信号的稀疏系数个数尽可能少是信号稀疏表示的关键。常用的稀疏基有傅里叶变换基、离散余弦变换基、离散小波变换基、Contourlet 变换基和 Curvelet 变换基等，但这种建立在正交基上的信号稀疏表示有一定的局限性，往往不能达到很好的稀疏表示效果。Peyre 把稀疏基是正交基的条件扩展到了由多个正交基构成的正交基字典，即在正交基字典里，自适应地寻找最接近信号特征的正交基，对信号进行变换以得到最稀疏的信号表示。但一组固定的正交基仍然不可能对所有具有多种奇异特性的信号进行很好的稀疏表示。用超完备冗余字典对信号进行稀疏表示是另一个研究热点，该方法最早由 Mallat 和 Zhang 于 1993 年提出。冗余字典中的元素称为原子，从中找到具有最佳线性组合的 K 项原子来表示一个信号即为信号的稀疏表示，冗余字典的结构越符合信号特性，则信号的稀疏表示越精确。

1.2 观测矩阵的设计

观测矩阵的设计是应用 CS 技术的关键环节。观测矩阵是用来对高维的原始信号 X 进行观测，得到低维的观测值 Y。观测矩阵 $\boldsymbol{\Phi}$ 与稀疏基矩阵 $\boldsymbol{\Psi}$ 的乘积 $\boldsymbol{\Theta}$ 必须满足 RIP 性质，才能保证信号的精确重构。

常用的观测矩阵主要可分为三类：①完全随机观测矩阵，如高斯随机观测矩阵、贝努利随机观测矩阵等，此类矩阵的元素服从独立的分布，且与一般的正交基保持不相干性，重构信号精度较高，但硬件实现困难、运算复杂度较高；②结构随机观测矩阵，如部分傅里叶矩阵、部分哈达玛矩阵和非相关测量矩阵等，通过从一个正交矩阵中随机抽取 M 行再进行归一化得到，易于实现和存储，重构精度较高；③确定性观测矩阵，如托普利兹矩阵、循环矩阵等，此类矩阵是针对特定的信号提出来的，易于硬件实现及设计快速算法，但重构精度较低。

1.3 信号的重构

信号的重构是应用 CS 技术的重要保证。对信号进行重构最直接的方法是通过 l_0 范数求解，但由于 Y 的维数低，从 Y 中求解出稀疏系数 θ 是一个 NP 难问题，求解的数值不稳定且直接求解较为复杂。为了解决这个问题，当观测矩阵 $\boldsymbol{\Phi}$ 与稀疏基矩阵 $\boldsymbol{\Psi}$ 满足 RIP 条件时，Donoho 等人提出用 l_1 范数代替 l_0 范数进行求解，即

$$\min(\|\theta'\|_1)\ \text{s.t.}\ \boldsymbol{\Phi\Psi}\theta' = y \tag{2}$$

式中，$\|\ \|_p$ 表示 l_p 范数，min(　) 表示求最小值，θ'是系数 θ 的估计值。l_1 范数是一个凸优化问题，可以转化成线性规划问题求解。

目前，典型的重构算法主要可分为三类：①凸优化算法，将非凸问题转化为凸问题实现求解，主要包括梯度投影法、基追踪（Basis Pursuit，BP）法和最小角度回归（Least Angle Regression，LARS）法等。该类算法需要的测量数最少，重构精度高，但计算复杂度高且效率较低。②贪婪算法，通过选择合适的原子并经过逐步递增的方法逼近信号矢量，主要包括匹配跟踪（Matching Pursuit，MP）法、正交匹

配跟踪（Orthogonal Matching Pursuit，OMP）法及其改进算法等。该类算法虽重构精度不及凸优化算法，但原理较为简单，计算复杂度较低且效率高，已经成为常用的算法。③组合算法，通过分组检测来重建信号，代表算法有傅里叶采样（Fourier Sampling，FS）法、链追踪（Chaining Pursuit，CP）法等。该类算法虽比前两类算法更快更有效，但要求测量对象中包含特殊结构并且观测矩阵是稀疏的，应用较少。此外，还有将稀疏信号重构问题转化为统计问题的贝叶斯学习（Sparse Bayesian Learning，SBL）算法和 FOCUSS（Focal Under Determined System Solution）算法等。

2 基于压缩感知的 ISAR 成像技术

基于压缩感知的 ISAR 成像原理是利用回波信号的稀疏性，运用重构算法通过少量观测数据对原始图像进行重构。目前，基于 CS 的 ISAR 二维成像的研究主要分为两个方面，一是将距离向和方位向联合处理，利用回波信号的二维耦合信息，运用 CS 理论重构出二维图像，同时提高距离向和方位向分辨率；二是将距离向和方位向分开处理，单独运用 CS 理论重构图像，提高分辨率。总的来看，CS 在 ISAR 成像中的应用主要可分为在距离向、方位向以及二维联合处理三个方面。

2.1 距离向 CS 处理

一维距离向 CS 处理主要是指通过构建观测矩阵对 ISAR 所有回波信号进行采样以实现降维处理，再通过构建距离向稀疏基以实现信号重构，得到高分辨的一维距离像，其流程如图 2 所示。

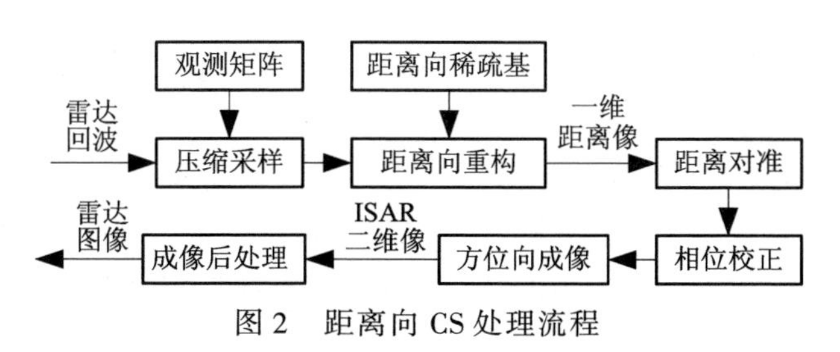

图 2　距离向 CS 处理流程

该算法直接对回波进行压缩实现距离压缩，有效降低了系统的数据率，提高了距离分辨率，但耗时较大，不易保留相位信息，且不适用于低信噪比的情况。因此，对距离向 CS 处理的研究主要可以分为三个方面。

(1) 研究快速高效的 CS 算法。Shah S 等人[3]通过分析目标回波在距离维和速度维的联合稀疏性，提出了一种基于 CS 的步进频雷达模型，实现与传统步进频雷达等效的距离高分辨率，同时降低了数据率。文献［4］基于 CS 理论，提出了一种通过发射稀疏频率信号进行高分辨 ISAR 成像的新方法，降低了数据率并简化了雷达系统的硬件设计。

(2) 研究保留方位向多普勒信息的距离向 CS 算法。中科院的谢晓春等人[5]通过分析线性调频雷达基带信号的稀疏性，提出了一种具有保像性的 CS 距离压缩方法，并证明了该方法的有效性，但运算速度较慢，缺乏实时性。在此基础上，文献［6］介绍了一种结合 Stretch 处理适合去斜模式的新的具有保像性的距离压缩算法，在保证成像质量的前提下，降低了系统数据率，提高了运算速度。

(3) 研究低信噪比条件下的距离向 CS 算法。针对低信噪比条件下，一维距离像易产生失真的问题，文献［7］提出了一种利用回波的自相关矩阵，通过滑窗处理正确估计噪声方差以实现降噪的方法。

2.2 方位向 CS 处理

基于 CS 的方位向成像算法主要是指通过对距离压缩和运动补偿后的回波进行采样以实现降维处理，再通过构建方位向稀疏基以实现信号重构，得到高分辨的二维 ISAR 图像其流程，如图 3 所示。该类算法主要针对方位向是短孔径和稀疏孔径两种情况。

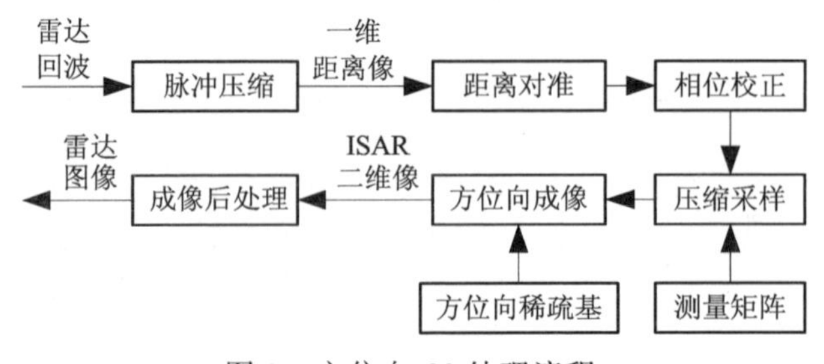

图 3　方位向 CS 处理流程

短孔径是指短 CPI（Coherent Processing Interval）的情况，具有数据量少、目标信息丰富、便于实时处理等优点。西安电子科技大学的张磊等人[8]首先提出了基于 CS 的利用有限脉冲数据进行高分辨 ISAR 成像的方法，针对低信噪比下基于 CS 的 ISAR 成像方法性能下降的问题，在文献［9］中又提出了一种改进 CS 的成像算法，利用相干投影和加权优化改善了 OMP 重构方法在杂波干扰下的 ISAR 重构性能。另外，还可以利用稀疏信号处理的方法提高成像分辨率。文献［10］从统计的角度分析稀疏约束参数，提出了结合恒虚警率检测和 Burg 外推等方法对 CS 中的稀疏约束参数进行估计的方法，能够较好地重构图像和抑制噪声。

稀疏孔径是指数据缺失的情况。Li Jun 等人[11]提出了一种基于 CS 的非自适应稀疏孔径成像方法，实现了方位向数据缺失情况下的成像。但稀疏孔径数据缺失可分为块状缺损与随机缺损两种形式，分布具有随机性，有必要根据不同缺失形式对应的回波特点研究相应的算法，因此白雪茹等人[12]提出一种稀疏重构与 CS 相结合的方位稀疏孔径成像算法，以过冗余字典的互相关作为依据进行算法选择。

2.3　二维联合 CS 处理

由于成像目标在距离向和方位向均呈现稀疏性，故可以进行二维联合 CS 成像处理，在降低采样率的同时提高成像的二维分辨率。该类算法的主要思想是先通过对 ISAR 回波进行随机采样以实现降维处理，然后通过构建二维超分辨字典，选择合适的重构算法实现 ISAR 图像的重构，其流程如图 4 所示。

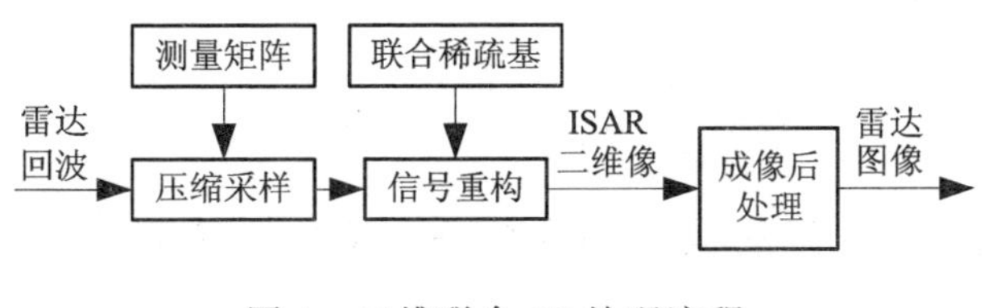

图 4　二维联合 CS 处理流程

该类算法虽然实现了降采样处理，但实际上需要预先获得用于成像的所有回波，没有从根本上降低系统的数据率，存在存储需求大、计算复杂度高的缺点。所以，研究快速高效的二维联合稀疏模型求解算法成了一个研究的新思路和热点。

国防科技大学的刘记红等人[6]将2D-SL0算法和FOMP算法引入二维联合成像中，提出了一种改进的OMP算法，在降低存储量的同时提高了成像效率。在线性调频宽带成像雷达的研究中，侯庆凯等人[13]提出对回波信号同时进行二维随机采样，并运用2D-SL0重构算法进行二维像重构，提高了处理实时性。西安电子科技大学的吴敏等人[14]有效利用回波数据的二维耦合信息，采用了一种修正的牛顿求解算法，通过共轭梯度运算、快速傅里叶变换和Hadamard乘积等操作，提高了算法的实现效率，但所提算法不能有效处理强机动目标，具有一定的局限性。

3　研究热点问题

基于CS的ISAR成像技术在降低数据采样率的同时提高了成像分辨率，吸引了越来越多的国内外学者对其进行研究。通过对现有文献的阅读整理，可将基于CS的ISAR成像技术研究热点问题大致归纳为以下几个方面：

3.1　CS与图像处理结合的成像算法研究

ISAR成像问题与图像处理紧密相连，将图像处理的方法应用到ISAR成像中可以有效改善成像性能。文献［15］将ISAR成像问题看成图像分割问题，研究了马尔可夫随机场对图像信号进行区分对成像性能的提高。另外，还有将图像增强的处理方法运用到ISAR成像处理中，以提高成像质量。除此之外，还可以将更多图像处理的有关思想引入到ISAR成像处理中，以期达到更好的成像效果。

3.2　基于CS同时实现自聚焦与成像的算法研究

针对由于孔径稀疏性造成的聚焦性能下降问题，文献［16］提出

了基于 CS 的全极化超分辨成像及自聚焦算法，同时解决了各极化通道超分辨成像和自聚焦两个关键问题。文献［17］提出了一种相位自聚焦、MTRC 校正和方位非模糊成像二者联合处理的算法，用于解决 ISAR 图像存在的 MTRC 和回波稀疏孔径观测问题。但此类方法大都没有考虑到目标运动的机动性带来的影响，对于机动目标的自聚焦和成像方法还需要进一步研究。

3.3 适用于机动目标的 CS 成像算法研究

针对机动目标成像情况下，传统的稀疏基不能很好地对信号进行稀疏表示，导致方位向模糊的问题，文献［18］提出了一种基于自适应 chirp 基和时频基的压缩感知 ISAR 成像算法，实现了机动目标的压缩感知 ISAR 成像。另外，还可以构造匹配傅里叶字典、Gabor 基等作为稀疏基，提高机动目标成像性能。除了构造更符合目标运动特性的稀疏基以外，还应进一步研究快速高效的重构算法。

3.4 复杂运动目标的 CS 成像算法研究

针对复杂运动目标（如多目标、微动目标）成像的情况，需要研究特定的成像算法。白雪茹等人[19]针对高速旋转目标回波通常存在方位欠采样的情况，根据 CS 理论和目标回波的稀疏性特点，提出基于 OMP 的自旋目标窄带雷达成像算法。文献［13］研究了基于 CS 的宽带相控阵雷达多目标同时成像技术，以及含微动部件目标回波稀疏孔径下的微多普勒分离及 CS 重构方法。根据不同目标的运动特性，需要进一步研究更准确的目标运动模型来获得更佳的成像结果。

3.5 低信噪比条件下的 CS 成像算法研究

针对低信噪比下基于 CS 的 ISAR 成像方法性能下降问题，探索有效的成像算法一直是研究的热点。张龙等人[9]提出的一种基于改进 CS 的低信噪比 ISAR 高分辨成像方法，采用相干投影和加权迭代的方法，有效克服了强噪声与杂波影响。为更好地区分信号和噪声区域，需更准确地估计噪声水平，文献［20］采用矩阵扰动理论估计噪声水平，并提出了一种散射区域加权 CS 成像算法，进一步减少了噪声对成像的影响。针对低 SNR 下 CS 快速重建算法存在的噪声敏感性问题，从提高 SNR 方面入手，又提出了子序列 SVD 近似去噪方法，提高回波信号 SNR。文献［21］提出将卡尔曼滤波与 OMP 算法相结合的带有贪婪特性的卡尔曼滤波算法，降低了在二维 CS 雷达成像中的噪声。为在强噪声环境下获得更好的 ISAR 图像，还需要进一步在低 SNR 下具有鲁棒性的 CS 重构算法。

3.6　基于 CS 的压缩采样硬件设计

针对雷达系统硬件要求及实用性上存在的问题，可以将 CS 理论应用到采样硬件的设计中，实现高效的压缩采样与重构。文献［22］针对模拟信息转换（AIC）系统，设计了模拟随机调制电路，实现对模拟信号低速采样恢复的目标。文献［13］将 CS 与 LFM 成像雷达中频数字接收机设计相结合，提出了一种全新的压缩采样数字接收机，降低了设计成本和硬件复杂度。现阶段基于 CS 的 ISAR 成像技术理论研究较多，但实际应用还比较少，相应的硬件设计大多也只停留在仿真试验阶段，还需进一步对相关硬件的实现方法及稳定性和执行效率上进一步研究。

虽然对基于 CS 的 ISAR 成像技术的研究已取得一定的成果，但还有很多有待探索和突破的地方。除了对上述热点问题继续深入研究以外，还需要对以下几个方面的应用进行探究：

1）基于 CS 的双/多基地成像算法研究

由于双/多基地成像系统的复杂性，成像分辨率受多个因素影响。现阶段基于 CS 的 ISAR 成像技术研究大都是针对单基地成像，可以考虑将 CS 应用到双/多基地成像中，研究适合的高分辨算法，充分发挥出双/多基地雷达体制的优势。

2）复杂环境下 CS 成像算法研究

目前基于 CS 的成像算法的研究大多是在理想情况下，或是在高斯

白噪声情况下进行的，然而实际成像系统所面临的环境却十分复杂，存在目标散射、目标运动、成像构型的特殊性和复杂性，因此研究复杂环境下 CS 成像十分必要。

3）超宽带和大转角 CS 成像算法研究

超带宽和大转角 CS 成像可以提高距离和方位分辨率，但目标的散射模型也会随之变化，传统的成像方法已经不适用。可以考虑基于目标的稀疏性以及超宽带、大转角场景构造合适的稀疏字典和观测矩阵，运用 CS 选择合适的重构算法实现超分辨成像。

4）适用于 CS 成像算法的评估准则研究

基于 CS 的雷达成像是将数据获取和成像过程有机结合，故传统的评价指标并不完全适合现有的成像方法的性能评价。因此需要结合 CS 雷达成像的特点，提出能有效衡量 CS 雷达成像性能的评估准则，为成像系统的性能评估提供依据。

4 结束语

基于 CS 的 ISAR 成像技术将压缩采样与雷达成像相结合，既降低了数据采样率，又提高了成像分辨率，具有巨大的应用前景。本文在介绍压缩感知理论的基础上，对基于压缩感知的 ISAR 成像技术进行了综述，分析归纳了当前研究的热点问题并指出了有待进一步研究的方向。作为一个新兴的研究方向，基于压缩感知的 ISAR 成像技术还需要不断地研究突破。

参考文献

[1] 保铮，邢孟道，王彤. 雷达成像技术 [M]. 北京：电子工业出版社，2005.

[2] Donoho D L. Compressed sensing [J]. IEEE Transactions on Information Theory，2006.

[3] Shah S，Yu Y，Petropulu A. Step-frequency radar with compressive sampling [C]. Proc. Int. Conf. Acoustics，Speech，and Signal Process (ICASSP)，Dallas，TX，2010.

[4] Wang H X, QuanY H, Xing M D, et al. ISAR imaging via sparse probing frequencies [J]. IEEE Geosci. Remote Sens. Lett., 2011, 8 (3).
[5] 谢晓春，张云华. 基于压缩感知的二维雷达成像算法 [J]. 电子与信息学报，2010 (5).
[6] 刘记红. 基于压缩感知的雷达成像技术研究 [D]. 长沙：国防科学技术大学，2012.
[7] Min L, Jian Z G, Bin Z, et al. Sparse representation denoising for radar high resolution range profiling [J]. International Journal of Antennas and Propagation, 2014 (2).
[8] Zhang L, XingM D, Qiu C W, et al. Achieving higher resolution ISAR imaging with limited pulses via compressed sampling [J]. IEEE Geosci. Remote Sens. Lett., 2009.
[9] 张龙，张磊，邢孟道. 一种基于改进压缩感知的低信噪比 ISAR 高分辨成像方法 [J]. 电子与信息学报，2010 (9).
[10] 盛佳恋，张磊，邢孟道，等. 一种利用稀疏统计特性的 ISAR 超分辨成像方法 [J]. 西安电子科技大学学报，2012 (6).
[11] Li J, Xing M D, Wu S J. Application of compressed sensing in sparse aperture imaging of radar [C]. Proc. 2nd Asian-Pacific Conf. Synthetic Aperture Radar, Xi'an, 2009.
[12] Bai X R, Zhou F, Xing M D, et al. High-resolution radar imaging of air-targets from sparse azimuth data [J]. IEEE Transactions on Aerospace and Electronic Systems, 2012 (2).
[13] 侯庆凯. 空间目标压缩感知雷达成像方法与应用研究 [D]. 长沙：国防科学技术大学，2015.
[14] 吴敏，邢孟道，张磊. 基于压缩感知的二维联合超分辨 ISAR 成像算法 [J]. 电子与信息学报，2014 (1).
[15] 白婷. 基于压缩感知的 ISAR 成像方法 [D]. 西安：西安电子科技大学，2014.
[16] Wu M, Zhang L, Xia X G, et al. Phase adjustment for polarimetric ISAR with compressive sensing [J]. IEEE Transactions on Aerospace and Electronic Systems, 2016, 152 (4).
[17] Xu G, Chen Q Q, Zhang S X, et al. A novel autofocusing algorithm for ISAR ima-

ging based on sparsity-driven optimization [C]. Proceedings of 2011 IEEE CIE International Conference on Radar, Chengdu, China, 2011.

[18] Pang L N, Zhang S S. CS-based high-resolution ISAR imaging with adaptive sparse basis [C]. IEEE International Geoscience and Remote Sensing Symposium (IGARSS), Quebec City, Canada, 2014.

[19] Bai X R, Sun G C, Wu Q S, et al. Narrow-band radar imaging of spinning targets [J]. Science China-Information Sciences, 2011 (4).

[20] Li M, Zhou G J, Zhao B , et al. Sub-sequence principal component approximation denoising for radar high resolution range profiling [C]. International Conference on Signal Processing, 2015.

[21] 李君宝，杨文慧，许剑清，等. 基于深度卷积网络的SAR图像目标检测识别[J]. 导航定位与授时，2017 (1).

[22] 全英汇. 稀疏信号处理在雷达检测和成像中的应用研究 [D]. 西安：西安电子科技大学，2012.

雷达网反隐身技术发展综述

马艳艳　金宏斌　李　浩

隐身技术的迅速发展给雷达带来前所未有的挑战，反隐身技术随之也成了近年来的研究热点。本文从隐身和反隐身基本原理出发，探讨了反隐身技术的发展现状。从提高传统雷达性能、采用新体制雷达、雷达组网及优化部署等方面，分析了雷达网反隐身的主要技术手段，并对收发分置雷达反隐身进行了梳理和展望。

引　言

隐身技术的迅速发展使雷达的生存概率急剧下降，对各国防御体系造成了重大影响。为了减小乃至消除隐身目标带来的威胁，提高对雷达隐身目标的探测能力，相关机构正在加紧研究反隐身技术。在众多反隐身技术手段中，雷达网通过综合应用不同体制、不同工作频率和不同极化方式的雷达，从多个方位、大角度范围观测目标，弥补了单一雷达对隐身目标探测性能的不足，可提高对隐身目标的截获概率，是反隐身技术研究的重要内容。

1　研究反隐身技术的意义

自20世纪80年代隐身飞机在实战中亮相以来，经过几十年的发展，如今的隐身飞机在隐身性能、突防能力和作战效能等方面都有了很大的提升[1]。隐身飞机相对常规武器的作战效能优势也在近几次的局部战争中得到充分检验。近年来，各国竞相研制反隐身战机，第四代和第五代战机也随之陆续亮相，并局部列装部队，成为各国的尖端杀手锏武器。其主要优势之一就是高隐身性，如美军F-22“猛禽”战斗机的正面雷达散射截面积可低至0.01 m^2，能突破严密的敌方防空系统，对重要目标实施攻击[2]。先进的隐身技术可使雷达发现概率大幅降低，传统雷达系统难以发现其踪迹。

隐身技术的发展提高了飞机的生存能力、突防能力和纵深攻击能力，打破了长久以来形成的攻防平衡，对现代防御体系建设产生了重大影响。同时，隐身技术也对雷达的生存提出了严峻挑战，使各国防空预警系统没有足够的反应时间实施有效拦截和摧毁，难以实现有效的早期预警。因此，加快反隐身技术的研究，提高雷达的隐身目标探测能力迫在眉睫[3-7]。

2　目标隐身和反隐身的基本原理

2.1　目标隐身的基本原理

目标隐身的实质是通过降低目标的雷达散射截面积（RCS）实现隐身。影响 RCS 的因素主要有：目标的几何外形，入射波的波长、极化特性、波阵面，目标表面导电性，目标与雷达的相对位置、方位、姿态等。常见的隐身技术有外形设计、特殊材料涂层、电子措施隐身技术和等离子体隐身技术等，使用这些技术可使其 RCS 值减少 20 ~ 30 dB[8]。

（1）外形设计。通过采用多面体、多角体等特殊外形设计来减小后向散射面积，改变目标特性，缩短雷达探测距离，降低发现概率，从而使雷达难以探测到目标。F-117 隐身战机外形采取了钻石形设计，尽量避免外形出现镜面反射、角反射器等。通过采用棱边、锥体等低反射形状，从正前方看，反射面与入射方向的角度都在 30°以上。

（2）特殊材料涂层。在飞机表面涂覆特殊材料涂层，入射电磁波被吸收转换为热能而耗散，通过材料上下表面的电磁波叠加干涉而消失，或使入射电磁波迅速分散到整个装备，降低目标散射的电场强度，达到减小 RCS 的目的。

（3）电子措施隐身技术。例如，发射与入射波频率相同的电磁波对雷达实施干扰，或释放诱饵、投放箔条，或采用吸收型无源干扰、有源对消技术等。美国 B-2 隐身轰炸机装载了有源对消电子战设备，能够主动发射电磁波来消除照射到机体上的雷达波。

（4）等离子体隐身技术。通过等离子体发生器、发生片或放射性同位素在飞机周围产生等离子体云，利用等离子体与入射电磁波的相互作用，从而吸收、折射电磁波，使返回到雷达接收机的电磁波能量较少，并可以达到隐身的目的。等离子体隐身技术具有吸波频带宽、吸收率高、使用时间长、隐身效果好和维护费用低等优点，并且不需要改变飞机外形设计，不影响飞机飞行性能。

2.2 反隐身的基本原理

由于反隐身技术在现代战争中发挥了重要作用，所以越来越受到各国重视。武器要实现隐身是以牺牲其他性能为代价的，隐身性能的增强必然伴随着其他性能的削弱。雷达反隐身是以薄弱环节为突破口，采用有针对性的反隐身措施，使隐身飞机的隐身性能明显下降，甚至失效。

（1）外形隐身设计使隐身目标在鼻锥方向水平 ±45°、垂直 ±30°和尾锥方向容易被攻击，RCS 缩减了 10 ~ 30 dB，而其他方向的 RCS 并无缩减或缩减不多[9]，这就为雷达发现隐身目标提供了条件。此外，外形隐身设计需要与飞机的其他性能之间进行折中，结果往往以牺牲飞机的空气动力性能、载荷和突防模式为代价[10]。

（2）特殊材料涂层只对特定波段的电磁波有作用，通常是厘米波和分米波，对其他波段的电磁波隐身效果将大打折扣，对于这类隐身目标采用米波或更长波长的雷达可以起到很好的探测效果[11]。

（3）采用电子措施实现隐身的工作频段较窄，随着频率变化，RCS 减小也会消失，隐身效果大大降低，从而被工作在其他频段的雷达发现。

（4）等离子体的隐身效果与电磁波频率、等离子体密度和等离子体云厚度有关。等离子体隐身技术只在某些频率范围内实现隐身，不是全频段隐身技术。通过利用太赫兹波高频、宽频带和高穿透性、高分辨率的特点，可以起到反等离子体的隐身效果[12]。

可以看出，目标的隐身性能是在一定条件下的低可探测性，不能实现全方位、全频段和全极化方式的隐身。因此，在反隐身技术研究中，可以从空域、频域和极化域的角度提高对隐身目标的探测能力。基于上述特点，研究人员提出了多种反隐身方法，如挖掘传统雷达的潜力，提高雷达战、技术性能，发展新体制雷达，发挥雷达组网的反隐身优势，对雷达组网构型进行优化部署，以提高雷达网反隐身性能[13]。

3 雷达网反隐身的主要技术手段

3.1 提高传统雷达反隐身能力

提高传统雷达反隐身能力是发展反隐身技术的重要手段。主要方法有增大发射功率，采用大时宽脉冲压缩技术、频率合成技术等措施提高雷达探测距离，通过增大天线增益、信噪比提高接收机灵敏度，采用数字滤波、电荷耦合器件等技术提高信号处理能力，使用频率捷变、扩频技术、旁瓣对消、恒虚警电路等技术提高抗干扰能力，扩展雷达工作波段，如采用米波雷达、激光雷达等提高雷达网的反隐身性能。

但是，雷达性能的提高是有极限的，并不能无限提高。面对越来越先进的隐身技术，这种方法已略显捉襟见肘、效益甚微，并且成本高，发展有限，大幅提高雷达的隐身目标探测能力需要研发新体制雷达。

3.2 采用新体制雷达反隐身

电磁环境日益复杂对雷达提出了更高要求，雷达必须同时具备多种功能和综合利用的能力，这极大地刺激了雷达的发展，新体制雷达不断涌现，如超视距雷达、超宽带雷达、双/多基地雷达、无源雷达、谐波雷达以及相控阵雷达等。在反隐身方面，这些雷达比传统雷达更具优势。

（1）超视距雷达。超视距雷达按电波传播的方式和途径可分为天波超视距雷达、地波超视距雷达和微波超视距雷达。超视距雷达工作波长较长，能够有效应对通过外形设计和雷达吸波材料来隐身的目标。此外，由于目标的隐身措施主要针对地面雷达，而天波超视距雷达的雷达波是经过电离层反射后到达目标的，因此具有一定的反隐身能力。

（2）超宽带雷达。典型的超宽带雷达有冲击雷达和无载波雷达，具有距离分辨率高、地面穿透能力强等特点，并能够抑制杂波，可用于目标识别、高分辨率测量和低可见度目标探测。同时，能够有效应对气动外形隐身和采用雷达吸波材料的隐身目标。

（3）双/多基地雷达。该雷达将发射机和接收机分别放置在相距很远的两个或两个以上的位置。在探测隐身目标时，某些接收机方向接收到的信号能量可能比其他方向的信号能量强很多，从而有利于雷达探测隐身目标。

（4）无源雷达。该雷达本身不发射电磁波，通过接收其他非合作辐射源的直达波和经过目标反射的回波，以及测量目标回波的多普勒频移、到达时差和到达角等探测目标的位置，是对抗隐身技术的一种有效技术途径。

（5）谐波雷达。雷达波照射到金属目标时，除了产生反射回波外，还会产生谐波能量再辐射，即入射波的谐波。谐波雷达是根据这种物理现象研制的接收金属目标谐波信号的雷达。尽管隐身目标采用了雷达吸波材料，但整体上仍为金属目标，当它受到雷达波照射时，还是会产生谐波再辐射，从而被谐波雷达探测到。

（6）相控阵雷达。相控阵雷达的天线由许多有规则的阵元排列而成平面，利用电磁相干原理，通过计算机控制天线各阵元电流相位来改变波束的方向，并在空中进行扫描。相控阵雷达波束扫描灵活、抗干扰能力强，具有探测隐身目标的能力。图 1 为“宙斯盾”巡洋舰上的 AN/SPY-1A 多功能相控阵雷达系统，曾成功锁定 F-117A 战机。

图 1　AN/SPY-1A 多功能相控阵雷达系统

虽然新体制雷达普遍在某些方面性能很突出，在一定程度上改善了雷达的隐身目标探测能力，但同时也限制了其他性能，大多数都存在明显短板。因此，新体制雷达的综合性能不高。若将这些各有所长的新体制雷达借助现代通信手段连接成网，就可以取长补短，发挥更大的效能。

3.3 采用雷达组网技术反隐身

雷达组网反隐身是将多部不同地域的单基地雷达进行组网，从不同方位观测隐身目标，利用雷达网频率、空间、能量分集的特点，综合运用多种体制、不同工作频率及工作模式、不同极化方式雷达的诸多优势，通过各种通信手段实现对组网内雷达的综合集成，形成有机统一的整体，弥补单一雷达对隐身目标探测性能的不足，提高对隐身目标的截获概率，抵消隐身目标 RCS 缩减所带来的影响，并达到反隐身的效果。因此，雷达组网是一种高效综合的资源平台，为寻求技术与策略的最佳组合提供了更广阔的空间。对于预警探测系统而言，组网内的雷达分置于广阔的区域内，因此具有良好的空间分集增益，可以有效解决隐身目标雷达截面积闪烁不定的问题，且能够抵抗敌方释放的干扰[14,15]。

目前，雷达组网已被广泛运用于隐身目标探测。通过对雷达组网优化部署之后，根据不同站点上的雷达对目标观测角的不同，可获取目标不同姿态和角度的回波数据，对隐身目标具有较好的探测效果[16-19]。雷达组网优化部署是雷达组网的一项关键性基础工作，主要是基于战术要求对网内的现有雷达资源进行优化部署，使整个雷达网系统的作战效能达到最优，从而提高目标探测概率和跟踪精度。同时，由于外形设计，隐身仍然是现阶段最普遍、最重要的隐身技术手段，通过合理选择雷达的空间位置可以抵消隐身目标外形设计带来的特定方向上的 RCS 缩减[20]。

然而，受技术限制，雷达组网对目标的探测和信息融合仍停留在目标层，单个雷达的性能对雷达组网整体性能的影响较大。同时，对雷达组网优化部署问题的研究尚未达成共识，主要集中在部署类型和数量给定的前提下，采用相应优化方法对部署问题进行求解。总体来看，研究雷达组网反隐身需要考虑的因素众多，目前的研究还不够深入，且不具备普遍性。而收发分置雷达情形则相对简单，更容易实现数学建模和仿真计算。

3.4 采用收发分置雷达反隐身

随着雷达技术体制的进步，收发分置雷达系统已经成为未来雷达系统的一个重要发展方向。与传统单站雷达不同，收发分置雷达的接收机和发射机是分开放置的。这种独特的工作方式，使它在探测隐身目标时具有一定优势，是一种新的反隐身技术研究方向，具体表现在以下几方面：

（1）由于发射站负责发射雷达波，接收站保持电磁静默，具有较好的电磁隐蔽性，当被发现受到攻击时，仅有发射站被摧毁，而接收站得以保存。

（2）发射站的部署具有很强的机动性，可以部署在距离作战较远的区域，从而降低被侦察截获的概率，也可以利用几部不同的发射站发射信号，即使某个发射站受损，系统仍能接收其他发射站的信号继续工作。

（3）通过多个接收站联合侦察、接力跟踪目标的方式，建立反隐身雷达屏障，从而提高对隐身目标的识别能力。

收发分置雷达在反隐身方面拥有单基地雷达和组网雷达不具备的独特优势，不仅可以有效应对各种平台的武器攻击，还能够有效保护被攻击目标，显著提高雷达反隐身性能和生存能力，是雷达未来发展的一个重要方向。而空间位置的选择对收发分置雷达而言尤其重要，收发分置雷达网可在已有雷达组网优化部署研究成果的基础上，结合收发分置雷达网自身特点，通过建立科学的数学模型和优化方法求得最优部署方案，以达到预期的反隐身效果。因此，从优化部署的角度提高收发分置雷达的反隐身性能也是反隐身技术的重要研究方向。随着数据融合等信息处理技术的发展和优化算法的改进，针对一发一收、一发多收、多发多收等多种情形下的收发分置，雷达反隐身技术研究也将不断深入。

雷达网具有传统雷达不具备的优势，可通过综合应用多种反隐身技术手段，合理配备不同类型的雷达，充分发挥雷达网在频率域、空间域和极化域的优势，使反隐身性能达到最佳状态。事实上，雷达网为解决反隐身问题提供了一个高效综合的资源平台，可从多个角度入手，提升空间大，效果明显，军事应用前景也较为广阔，具有较大的理论价值和实践意义，是未来反隐身技术研究的重点和发展趋势。

4 结束语

随着隐身技术的理论研究和实际应用的不断深入和拓展，特别是在现代战争中的探测防御系统飞速发展的推动下，反隐身技术作为防御手段快速发展，基于不同领域的反隐身技术也将日趋完善。

参考文献

[1] 高磊，曾勇虎，汪连栋. 导弹目标单、双基地雷达散射截面对比分析 [J]. 强激光与粒子束，2018，30 (1).

[2] 罗巧云. 第五代战机在未来空战中的应用 [J]. 国防科技，2017，38 (4).

[3] 代红，何丹. 飞机隐身与雷达反隐身 [J]. 电子信息对抗技术，2016，31 (6).

[4] Liao Wenwen, Cheng Ting, He Zishu. A target tracking algorithm for RE stealth performance optimization of MIMO radar [J]. Acta Aeronautica Sinica, 2014, 35 (4).

[5] 杨志滔，邢宇峰. 雷达网对隐身目标的检测方法研究. 数字通信世界 [J], 2018 (2).

[6] 师俊朋，胡国平，朱苏北，等. 雷达反隐身技术分析及进展 [J]. 现代防御技术，2015，43 (6).

[7] Suberviola I, Mayordomo I, Mendizabal J. Experimental results of air target detection with a GPS forward-scattering radar [J]. IEEE Geosci Remote Sens Lett, 2012, 9 (1).

[8] 韩磊，王自荣. 雷达隐身与反隐身技术 [J]. 舰船电子对抗，2006，29 (2).
[9] 姜志敏，刘婕. 基于探测范围的雷达网反隐身能力评估方法 [J]. 空军雷达学院学报，2010，24 (2).
[10] 万鹏飞，王明宇，王馨. 组网反隐身技术探讨 [J]. 飞航导弹，2015 (9).
[11] 陈彬，童创明，李西敏. 基于涂覆隐身目标的雷达探测方法研究 [J]. 计算机仿真，2017，34 (3).
[12] 杨玉明，王红，谭贤四，等. 太赫兹雷达反等离子体隐身研究 [J]. 雷达科学与技术，2012，10 (5).
[13] 胡程，刘长江，曾涛. 双基地前向散射雷达探测与成像 [J]. 雷达学报，2016，5 (3).
[14] Wang Fei, Sellathurai M, Li Huanyu, et al. Mutual information in airborne radar RF stealth [J]. International Journal of Tuberculosis & Lung Disease, 2015, 18 (2).
[15] 郦晓翔. 雷达反隐身技术的发展及实现方法 [J]. 电子工程师，2008，34 (8).
[16] 沙文浩，潘继飞，刘鑫. 网络雷达对抗系统反隐身技术现状与发展研究 [J]. 飞航导弹，2017 (5).
[17] Yang L, Xiong J, Cui J. Method of optimal deployment for radar netting based on detection probability [C]. International Conference on Computational Intelligence and Software Engineering, 2009.
[18] Wang Z J, Xia L I, Zhou Q M, et al. Optimal deployment of radar network based on multi-constrained GA [J]. Systems Engineering & Electronics, 2008.
[19] Wu J, Xu J. Some issues in the development of metric surveillance radar [C]. SA: Proceedings of 2013 International Conference on Radar, 2013.
[20] 吴君辉，刘平，姬伟杰，等. 预警机反隐身优化组网模型研究 [J]. 雷达科学与技术，2017，15 (5).

弹载雷达导引技术发展趋势及其关键技术

赵　敏　吴卫山

摘　要　未来空战环境日益恶劣，提高雷达导引头的抗干扰能力、复杂战场环境的适应性是雷达导引技术的发展方向。本文重点对几种典型的先进雷达导引技术进行了分析。在此基础上，总结了制约未来雷达导引技术发展的关键技术。

引　言

雷达导引头在导弹末制导阶段工作，把天线接收到的目标回波信号经接收机送至信号处理机，获取目标的信息，输出角误差信息，通过控制系统按照一定导引规律控制导弹飞向预定目标[1]。雷达导引头具有作用距离远和全天候工作的特点，在导弹制导领域得到广泛应用。然而，雷达导引头面临着复杂多变的电磁干扰环境，抗电磁干扰和提高低截获概率等性能已成为其重要的技术指标。目前，世界各国都在努力发展新技术，通过发展改进型或研制新型号提升雷达导引头的性能。随着雷达技术的飞速发展和关键器件的开发应用，雷达导引头由原来的简单非相参体制向着具有复杂信号形式、先进信号处理技术的全相参体制发展；其形式也由传统机械扫描发展为电扫的相控阵形式，并逐渐朝着智能化的方向发展[2]。

1　低截获雷达导引技术

低截获概率（LPI）雷达[3]定义为，雷达探测敌方目标的同时，敌方截获到雷达信号的可能性概率最小。对于雷达导引头而言，低截获意味着雷达发射信号不易被敌方干扰机截获，进而无法对导引头探测实施有效干扰。因此，采用低截获雷达体制是提高雷达导引头抗干扰能力的有效途径。

20 世纪 70 年代，施里海尔（Schleher）提出了截获概率因子[4]这一概念，使低截获概率雷达的低截获性能得到定量的分析。截获因子 α 是截获接收机能够检测到 LPI 雷达的最大距离与 LPI 雷达可检测到目标的最大距离的比值，即

$$\alpha = \frac{R_I}{R_r} \tag{1}$$

式中，R_I 为截获接收机的最大作用距离；R_r 为 LPI 雷达的最大作用距离。

由式（1）可知，当 $\alpha > 1$ 时，截获接收机探测距离大于雷达的探

测距离，截获接收机占优势，雷达就有被干扰和摧毁的危险；当 $\alpha<1$ 时，截获接收机探测距离小于雷达的探测距离，这时雷达截获接收机不能探测到雷达的存在，而雷达能探测到截获接收机运载平台，雷达占优势，这样的雷达就称为 LPI 雷达。容易看出，α 越小，雷达的反截获能力越强。通过分析雷达导引头作用距离方程[1]与接收机截获方程[4]，可以给出影响截获因子的变量关系式：

$$\alpha = \left[\frac{1}{4\pi}\frac{P_t^2}{P_{av}kT_0F_iB_i}\frac{F_r}{F_i}\frac{B_r}{B_i}\frac{L_r}{L_i^2}\frac{\lambda^2}{\sigma}\frac{\gamma_r}{\gamma_i^2}\frac{G_{ti}^2G_i^2}{G_t^2}\right]^{1/4} \tag{2}$$

式中，P_{av} 为雷达导引头发射的平均功率；P_t 为峰值功率；F_r 和 F_i 分别为雷达导引头和截获接收机的噪声系数；B_r 和 B_i 分别为雷达导引头和截获接收机的带宽；L_r 和 L_i 分别为雷达导引头和截获接收机的系统损耗；γ_r 和 γ_i 分别为雷达导引头和截获接收机的检测信噪比；G_{ti} 为雷达导引头的发射天线在侦察接收机方向上的增益；G_r 和 G_i 分别为雷达导引头和截获接收机天线增益；λ 为雷达信号波长；σ 为目标的雷达散射截面积。

通过对式（2）的分析可知，雷达导引头实现低截获的途径有以下几种：

（1）降低雷达导引头的峰值功率及峰均功率比。

对于传统的基于峰值功率检测的侦察接收机而言，截获接收机的探测性能取决于雷达信号的峰值功率，而雷达导引头对目标的探测性能取决于信号的平均功率。所以，要想提高雷达导引头的低截获性能，就必须在保证平均功率不变的情况下尽可能降低峰值功率，即降低峰均功率比。当雷达导引头采用大时宽带宽积信号时，它的平均功率接近于其峰值功率，此时这种雷达导引头的抗截获性能是比较好的。

（2）降低天线的旁瓣。

雷达导引头天线的旁瓣辐射为敌方截获雷达信号提供了有利的条件，即使旁瓣辐射的能量很微弱，敌方的截获侦察接收机也能侦察到信号，雷达导引头就有被截获的危险，并且敌方的截获接收机也能从旁瓣进行干扰。因此，降低雷达天线的旁瓣增益，是实现雷达导引头低截获性能的方法之一。

（3）采用大时宽带宽积信号。

由上述分析可知，截获因子在发射信号时宽一定的情况下，与时宽带宽积成反比。雷达导引头发射的信号时宽带宽积越大，敌方的截获侦察接收机要想截获到信号，必须具备更大的带宽。如果截获侦察接收机的信号时宽带宽较小，在对雷达信号进行截获的过程中，会出现失配，截获侦察接收机就很难截获到雷达信号。因此，增大雷达导引头发射信号的时宽带宽积，可以避免雷达导引头信号被截获接收机截获。在实际的应用中，经常选用线性调频、相位编码、频率编码和基于多载波技术与PN调制技术结合的正交频分复用（OFDM）波形等具有大时宽带宽积的信号作为雷达导引头的工作波形[5]。

（4）设计雷达导引头工作波形。

多脉冲相关处理一直是雷达信号处理的优势，在脉冲之间采用不同的编码，使得干扰机难以根据当前脉冲预测下一个脉冲的编码形式，从而不能实施有效的超前欺骗干扰。此外，采用重频抖动或参差模式，可以有效抑制同步干扰信号。因此，脉冲串编码集合设计与重频抖动信号处理方法设计成为LPI波形设计的一部分。

2　MIMO雷达导引技术

MIMO雷达又称多输入/多输出雷达，它在发射端和接收端使用，具有多个发射和接收天线。与相控阵雷达不同之处在于相控阵雷达以提高信号处理增益为目的，发射的是相参信号，MIMO雷达为实现空间分集，发射信号在时域上是正交的[6]。

设MIMO雷达具有M个发射天线阵列和N个接收天线阵列，第m个发射天线发射波形为ϕ_m，则它与第k个天线发射波形正交[7]：

$$\int \phi_m(t)\phi_k^*(t)\mathrm{d}t = \begin{cases} 0, & m \neq k \\ 1, & m = k \end{cases} \tag{3}$$

在每个接收天线中，这些正交波形被M个匹配滤波器接收处理，因此提取的信号总数为MN。考虑一个远场点目标，则目标回波信号响

应等价于通过一个 MN 天线阵元的天线阵列接收到的目标响应，将这 MN 元阵列称为虚拟阵列，是传统 N 元阵列天线的 M 倍。MIMO 雷达正是通过发射正交波形增加虚拟阵列的自由度，等价为天线具有更大的孔径，进而提升空间分辨率[8]。

通过分析，采用 MIMO 工作体制的雷达导引头具有以下优势：

（1）采用多个发射端同时发射多路正交信号，增加干扰机帧收和分选信号的难度，提高雷达导引头的抗干扰能力。

（2）发射子阵采用相互正交的发射信号，由于各子阵信号的正交性，在空间将不能同相位叠加合成高增益的窄波束，而是形成低增益宽波束，极大地提高了雷达导引头的低截获概率。

（3）通过虚拟阵元扩大天线虚拟孔径，形成更窄的主瓣波束及更低的旁瓣，提高雷达导引头的角度分辨率及对微弱目标的检测能力。

（4）采用正交发射波形的空时信号自适应处理算法自由度更大，提高了导引头对低速运动目标的检测能力及杂波的空间分辨率。

由于 MIMO 雷达导引头发射正交波形带宽是相控阵雷达导引头的 N 倍，在匹配接收时接收机带宽也增加了 N 倍，因此，信噪比为相控阵的 $1/N$[9]。在发射功率相同的条件下，MIMO 雷达导引头作用距离较近。所以，MIMO 雷达导引头在工作时可采用以下工作模式：远距时工作在传统的相控阵体制下，每个子阵均发射相同工作波形，用以提高导引头的作用距离；近距时采用 MIMO 工作体制，各子阵发射正交工作波形，提高雷达导引头的抗干扰能力。

考虑到弹载环境下对导引头体积和质量限制严格，通常采用集中式 MIMO 雷达设计，即发射阵元和接收阵元空间分布紧凑，采用共口径设计。图 1 给出了 MIMO 雷达导引头的组成原理框图（图中实线为发射部分，虚线为接收部分），由该图可知，MIMO 雷达导引头主要由多通道相控阵天线、驱动功放、接收机、信号处理机、频率综合器和电源组成。导引头工作时由信号处理机 DDS 电路输出频率和相位满足要求的 N 路中频信号经频综和驱动功放上变频、放大后送给 N 路 T/R 组件，然后经 N 路发射子阵发射出去；回波信号首先经 N 路接收子阵接收，然后送到接收机进行下变频处理，再经 N 路匹配滤波器组后进行 STAP 和 DBF 等信息处理，抑制杂波、对抗干扰并提取目标信息。由于发射波形分集的增加，相比传统相控阵雷达空时处理，MIMO 雷达空时处理由空时两维空间扩展到空时码（波形）三维空间，导致计算量和复杂度急剧上升，工程实现困难。因此，必须研究高效的降维处理技术，使其既满足弹载条件下雷达信号处理的实时性要求，又具有良好的杂波抑制能力。

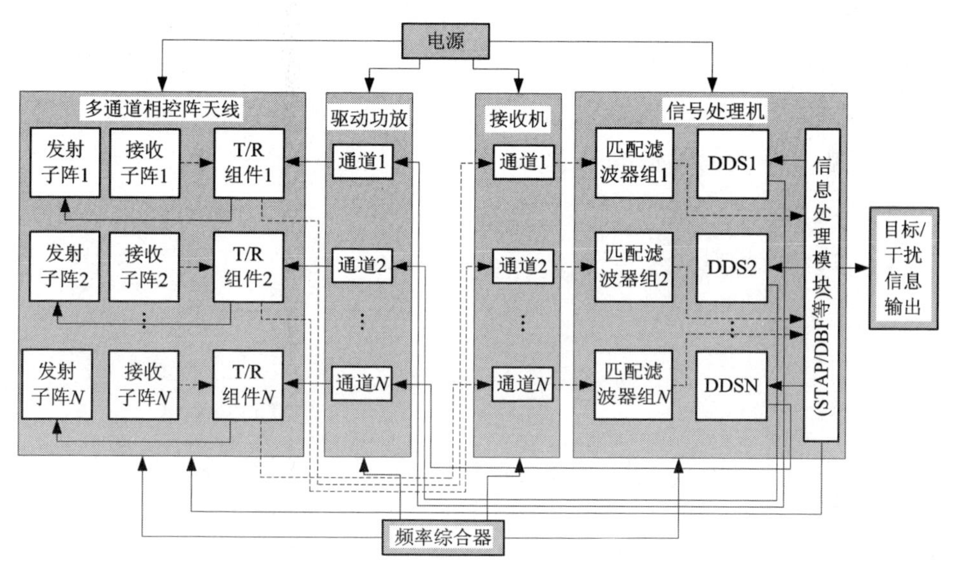

图 1　MIMO 雷达导引头的组成原理框图

3　认知雷达导引技术

认知雷达是引入并模仿人类认知特性的新一代智能雷达系统，具有自适应的接收和发射系统，通过与环境的不断交互和学习，获取环境信息，结合先验知识和推理，不断地调整接收机和发射机参数，自适应探测目标，旨在提高雷达在复杂、时变以及未知电磁环境和地理环境下的探测性能。认知雷达是一种智能雷达，将认知雷达技术应用到雷达导引头中，无疑可有效提高导引头对背景杂波和干扰等复杂战场环境下的适应能力。

认知雷达导引头的探测方法与常规导引头不同之处在于前者采用自适应算法智能选择工作波形参数，从而适应复杂的电磁环境，而后者的工作波形是预先设定好的。认知雷达导引头的组成原理框图如图2所示，主要由天线、智能接收机、智能发射机和知识辅助信号处理机组成。其工作原理是：雷达导引头通过先验信息设计发射波形，工作波形经过目标环境反射，携带着环境信息的回波信号被天线和接收机接收，通过对回波信号的接收和处理提取更多的信息作为下一次发射的先验信息，更新发射波形，如此循环。通过以上论述可知，认知导引头关键组成部分是基于知识辅助的信息处理系统，它以知识辅助系统为基础，其中的知识包括与雷达相关的全部先验信息，如目标、干扰、噪声、杂波的模型和数据等。对环境状态的实时估计通常采用基于模型-滤波的贝叶斯估计方法得到，得到的信息用于反馈更新知识库并实时优化发射波形。

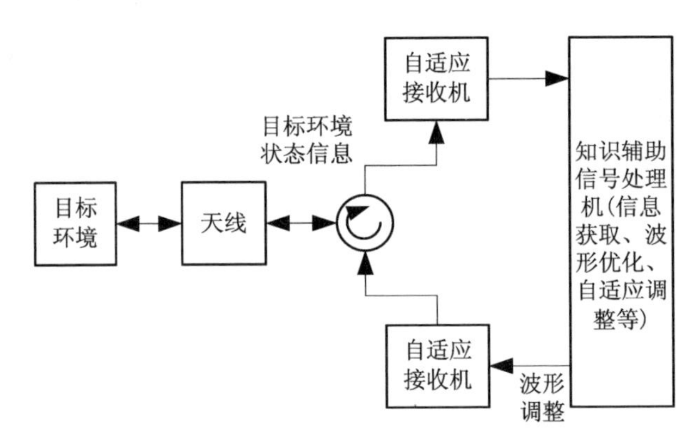

图2 认知雷达导引头组成原理框图

认知雷达导引技术是一个崭新的发展方向，尚处于初级研究阶段，环境动态数据库发展和完善、知识辅助算法设计和自适应波形生成技术是后续研究需要重点关注的内容。

4 雷达导引技术发展的关键技术

通过上文的论述可知，为了适应日益复杂的战场环境，雷达导引系统主要朝着复杂化、智能化和信息化的方向发展，其抗干扰能力进一步增强，但同时对系统的软件和硬件设计要求更高。制约雷达导引技术发展的关键技术如下：

（1）小型化结构设计。微波技术、现代数字技术和超大规模集成电路技术的快速发展，为雷达导引系统技术发展提供了有力的硬件平台，但受弹载平台空间限制，导引头的体积和质量不能太大。因此，在追求提升导引头性能的同时，不应额外地增加体积和质量。研制小型化微波组件和信息处理系统，并考虑各分系统功能整合，是实现小型化导引头结构设计的关键。

（2）最优工作波形设计。工作波形决定了导引头的作用距离、分辨率和抗干扰能力等关键性能。上文论述的三种雷达导引技术发展方向对工作波形设计均提出了苛刻的要求，要求工作波形具有大时宽带宽积、正交性和自适应性等特征。因此，如何根据使用要求确定工程可实现的高效、稳健的最优工作波形直接决定了未来雷达导引头的工作性能。

（3）自适应信息处理算法设计。未来雷达导引头采用的工作波形和工作体制趋于灵活和多样性，一方面，这使得信息处理系统要处理的信息量剧增，由传统的时域扩展到空时域，信号处理的自由度随之增大；另一方面，杂波抑制和干扰对抗成为信息处理算法的核心内容，空间谱估计、空时自适应处理、数字波束成形、最优估计等算法的采用导致了信息计算量的增加，而导引头作为末制导武器的关键部件，对信息处理的实时性要求较高。因此，降低计算量、研究实时性好、适合雷达导引头工程应用的自适应信息处理算法是未来雷达导引系统发展的关键因素。

5　结束语

现代战争向着全方位、多层次、立体化、多兵种合作作战的方向快速发展，战场环境变得日益复杂，各种隐身目标、反辐射武器、有源无源干扰设备不断涌现，作战地理地貌复杂多变，使得传统的雷达导引系统面临着威胁和挑战。这也迫使用于战术制导的雷达导引头不断寻求新的发展方向，逐渐提升其抗干扰能力和环境适应性。精确制导技术的发展，推动了新概念、新体制雷达系统的发展，未来雷达导引头必将是数字化、软件化、智能化和信息化的系统，具有探测复杂目标能力强、抗干扰能力强、复杂环境能力适应强、探测精度高等显著特点。

参考文献

[1] 吴兆欣. 空空导弹雷达导引系统设计 [M]. 北京：国防工业出版社，2007.

[2] Guerci J R. Cognitive radar：a knowledge-aided fully adaptive approach [C]. IEEE Radar Conference，Washington，2010.

[3] 张锡熊. 低截获概率（LPI）雷达的发展 [J]. 现代雷达，2003（12）.

[4] Schleher D C. Low probability of intercept radar [C]. IEEE Inter. Radar Conf.(CH2076～8/85)，1985.

[5] 倪敢峰. 低截获概率雷达技术研究 [D]. 南京：南京理工大学，2007.

[6] Fishiler E. Performance of MIMO radar systems：advantages of angular diversity [C]. Proc. 38th Asilomar Conf. Signals，Systems and Computers，2004.

[7] Jian Li. MIMO 雷达信号处理 [M]. 北京：国防工业出版社，2013.

[8] K Forsythe. Multiple-input multiple-output（MIMO）radar：Performance issues [C]. Proc. 38th Asilomar Conf. Signals，Systems and Computers，2004.

[9] 李军. 正交波形 MIMO 雷达信噪比分析 [J]. 电子测量与仪器学报，2009（6）.

[10] 王少锋. 空面制导武器捷联惯性技术发展趋势展望 [J]. 飞航导弹，2015（12）.

[11] 冯子昂，胡国平，周豪，等. 阵列雷达低角跟踪技术分析与展望 [J]. 飞航导弹，2016（3）.

[12] Joseph R. 认知雷达——知识辅助的全自适应方法 [M]. 北京：国防工业出版社，2013.

[13] 王晓科，冯周江. 低频制导雷达在防空导弹武器系统中应用研究 [J]. 上海航天，2015，32（3）.

[14] 李伟忠，刘明娜，姚勤. 红外成像导引头目标检测识别共性技术综述 [J]. 上海航天，2015，32（1）.

[15] Baldygo W. Artificial intelligence applications to constant false alarm rate（CFAR）processing [C]. IEEE Inter. Radar Conference，1993.

无人机视觉识别与移动追踪技术综述

韩　鹏　耿增显　刘　宏　韩红蓉

无人机视觉识别与移动追踪技术将无人机作为载体，结合机器视觉技术，提取并处理视觉信息，作为无人机自主智能控制的输入和无人机终端应用领域的拓展。该系统融合多项关键技术，包括移动目标识别、移动目标追踪、无人机自主飞行与避障等。本文概括了无人机视觉识别与移动跟踪任务的基本目标及各项关键技术研究现状，并对无人机移动追踪技术的应用进行了综述。

引　言

无人机视觉识别与移动追踪是环境信息感知、数据融合、目标辨识、飞行控制、远程通信等多项关键技术的融合，该技术不仅可以为无人机自主飞行决策提供辅助信息，还能够极大程度地拓展无人机终端应用。随着各项关键技术的快速发展，无人机视觉识别与移动跟踪技术势必会在消防救援、安防反恐、跟踪监控、协同作战[1]等多领域发挥重要作用。

1　无人机视觉识别与移动追踪任务描述

无人机视觉识别技术是将无人机作为载体，结合机器视觉技术，利用无人机的飞行高度和视角，从客观事物的图像中提取信息，进行处理并理解，最终用于无人机自主智能控制的输入和无人机终端应用领域的拓展。无人机视觉识别具有拍摄视域广阔、视角灵活、信息容量大等优势，应用于无人机智能控制前端时，视觉识别信息可以构筑无人机立体飞行环境，预置无人机轨迹规划和感知避让信息，完成无人机移动追踪任务；应用于无人机作业终端时，视觉信息实时监视目标位置及动作，为进一步勘测、救援、监控及打击提供辅助决策信息，也是实现无人机察打一体化的基础。同时，由于无人机是非稳定约束系统，其运动稳定性和平稳性势必会影响视觉识别速度、精准度和成像质量，也极大提高了无人机视觉识别和移动追踪的技术难度。

无人机在具备自主飞行及追踪任务能力前，对目标的定位与识别技术先后经历了广播式自动相关监视（ADS-B）与雷达定位、信号追踪、视觉识别及人工智能式目标识别阶段。早期无人机沿用传统飞行器 ADS-B 与雷达定位的方式，但限于设备体积及成本，较适合大型固定翼无人机使用；限于视觉技术的发展，较早期的无人机能够跟踪主动发出特定信号的物体，如电子标签和 GPS 位置信号等；随着视觉识别和人工智能技术的飞速发展，无人机逐渐具备主动识别与自主路径规划及避障能力，完成智能追踪避障任务。因此，无人机视觉识别与移动追踪技术的重难点集中在移动目标视觉识别、遮挡目标连续跟踪、多目标跟踪、自主跟随飞行控制及避障等方面。

2 关键技术研究现状

2.1 移动目标视觉识别技术

移动目标视觉识别技术是基于视觉识别原理，对连续图像帧进行检测、特征提取、目标识别与追踪，获得追踪目标的位置、速度、运动轨迹等参数的过程，并分析目标的行为与动作，完成对目标的更高级任务拓展。视觉识别技术是通过将外界真实信息转化为数字模拟量，并完成数据信息的采集、数据后处理及图像分析，使机器感知外部世界的信息。目前较为领先的机器视觉技术是基于视差原理的双目立体识别（Binocular Stereo Vision）技术，成像设备在不同位置获取被测物体的两幅图像，通过图像中对应点的位置偏差计算物体三维几何信息和与被测物体间距离。双目立体识别技术为无人机移动追踪任务中的实时立体图像回传提供保障，也为追踪目标的进一步精准打击提供精确位置支持。

牛津大学 Helble[2]等研制了一套无人机视觉跟踪系统，命名为“牛津空中跟踪系统”（Oxford Aerial Tracking System，OATS）。该系统具有目标区域扫描、地理定位、3D 路径规划和目标轨迹预测功能，并通过一架小型无人直升机对地面目标进行视觉跟踪验证。这套系统通过重启目标搜索策略解决了移动目标丢失后的重新快速锁定问题。图 1 和图 2 分别为实验用 OATS 小型无人直升机和跟踪系统目标搜索策略示意图。

图 1　牛津大学 OATS 小型无人直升机

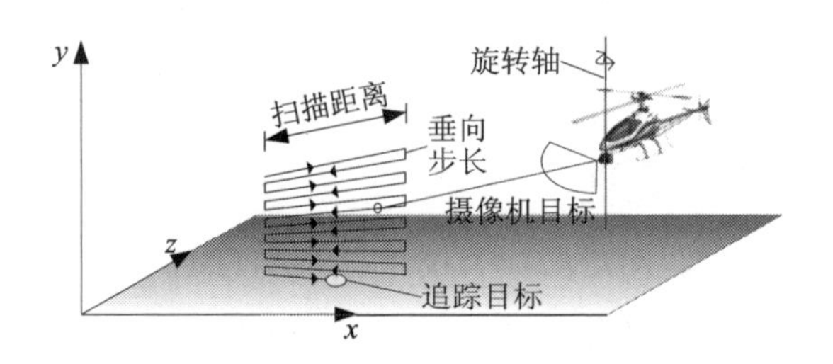

图 2　OATS 跟踪系统目标搜索策略

昆士兰科技大学 Hinas[3] 等提出了一种基于 OODA（观察、定位、决策和行为）循环的目标检测与扫描算法，用于多旋翼无人机搜寻并识别地面目标。如图 3 所示，该系统通过四旋翼无人机在 10～4 000 m 高度的多次目标识别实验进行验证，无人机通过定位、下降和盘旋三个阶段对目标进行视觉识别。图 4 为实验用四旋翼无人机，由“大疆”450 机架和 2212/920KV 型电机组装而成。

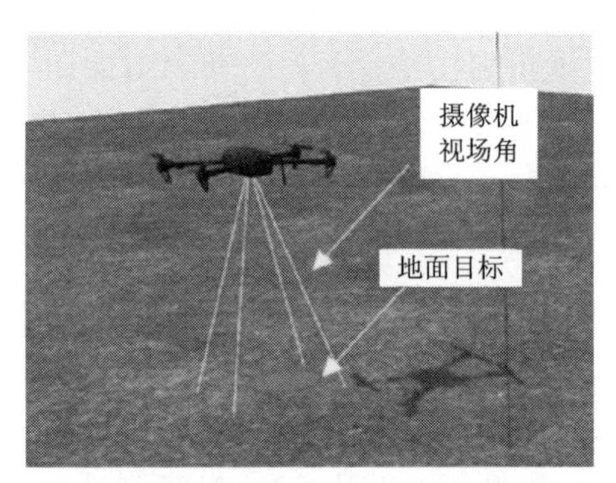

图 3　OODA 目标检测与扫描仿真实验

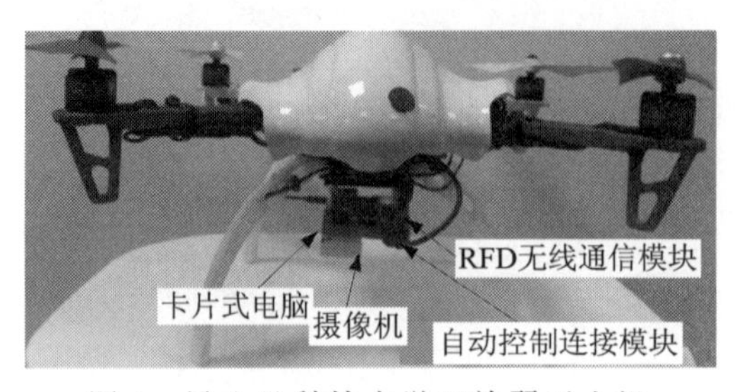

图 4　昆士兰科技大学四旋翼无人机

得克萨斯农工大学的 John Valasek 等研究了一种无人机路径规划的机器学习算法。该算法基于增强学习（Q-learning）原理，采用无人机机载不平衡固定云台装载摄像机的方式，对移动地面目标进行视觉跟踪，确定无人机飞行路径的离线控制策略，使摄像机在无须人工操控时跟踪目标，并对地面固定、线性和随机移动目标进行仿真实验。文中提出的蒙特卡洛仿真结果表明，学习策略能够跟踪静止和具有路径扰动的移动目标。

Jakobsen[4]为解决无人直升机移动跟踪目标的抖动问题，设计了分层控制算法跟踪无人机云台转动角度。Dobrokhodov[5]设计了一种针对无人机云台的目标跟踪控制器，实现固定翼无人机对地面移动目标的跟踪。Saripalli 考虑无人直升机的运动学特性，设计了基于拉格朗日方程和变分原理的最优轨迹，以实现对目标的移动追踪。英国拉夫堡大学 Oh[6]等提出了一种基于矢量场制导的方法，通过定义一个可变对峙追踪轨道，利用无人机群对移动目标群协同对峙跟踪，该方法主要解决无人机追踪多地面目标时的视域范围问题。

2.2 移动目标追踪技术

移动目标检测的研究重点是在外部干扰环境中区分背景与目标，如环境光照亮度变化、阴影遮蔽、无人机高速运动及晃动等干扰。移动目标的追踪也是一项极富挑战性的技术，追踪目标运动轨迹的不确定性、移动目标场景模式的改变、移动目标特征的消失或遮蔽等都为目标追踪带来技术上的难点。移动目标检测与追踪技术主要由背景模型建立、图像分离分割、目标检索与追踪、目标行为理解分析、数据传输、视觉系统构建等构成。

英国布里斯托大学 Greatwood[7]等人提出了一种考虑视觉传感器并行特性（Parallel Visual Processor）的地面目标跟踪视觉控制策略，使用图 5 中四旋翼无人机跟踪一辆双摆混乱轨迹的汽车，该汽车具有不可预测的运动轨迹和加减速行为。图 6 为四旋翼无人机对地面移动车辆跟踪实验及无人机视角输出的图像。实验结果表明，该跟踪算法能够在目标可见性较短的时间内，快速重新获取并跟踪目标，实现高速率图像处理，具有极强的视觉敏感度。

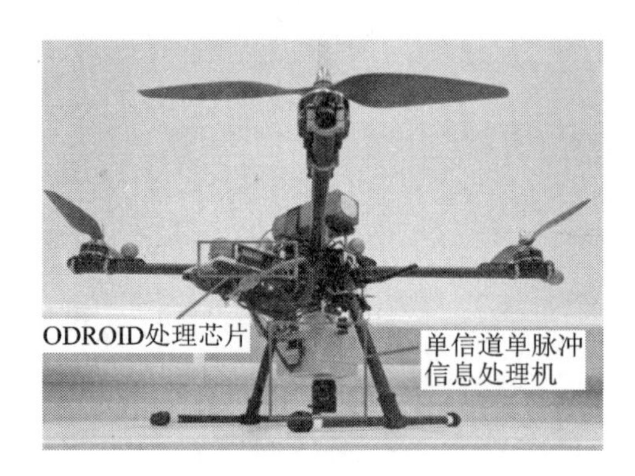

图 5　布里斯托大学四旋翼跟踪无人机

图 6　四旋翼无人机对地面移动车辆跟踪实验

埃及尼罗大学 Siam[8] 等提出了一种基于空间聚类的被跟踪目标检测算法，使用最小中值二乘估计法检测图像的孤立点特征，该策略主要目的是实现无人机对多移动目标的检测与跟踪。图 7 为无人机对地面多移动目标的追踪结果。

加拿大多伦多大学 Zhang[9] 等提出了一种多架固定翼无人机对地面不合作移动目标的协同追踪方案。多架固定翼无人机形成一个以虚拟无人机为中心的等边三角形编队，在移动目标周围进行圆周绕飞追踪。美国加利福尼亚大学的 Quintero A[10] 等提出了追踪具有地面规避动作车辆的方案，两架固定翼无人机利用模型预测控制和移动视界估计方

图 7　尼罗大学无人机对地面多移动目标的追踪结果

法，同时计算出状态估计值和最优控制量，协调两架无人机与追踪目标间的距离。

2.3　自主飞行决策与避障技术

无人机在跟随被追踪目标运动的同时，应具备自主避障及飞行决策能力。葡萄牙波尔图大学 Pedro[11] 等人提出了一种基于李雅普诺夫的移动路径跟随控制器和路径生成算法，使无人机在追踪目标时具备基本的飞行决策与避障功能，并给出了算法的收敛性和性能评价方法。该控制率通过 ANTEX-X02 型固定翼无人机在葡萄牙 Ota 空军基地进行验证，图 8 和图 9 分别为目标跟踪实验中所用的 ANTEX-X02 型固定翼无人机和 Ota 空军基地无人机地面站。

英国拉夫堡大学 Oh[12] 等提出了一种基于非线性模型预测控制方法的无人机路径规划算法，该算法根据道路地图预测被追踪目标移动趋势并规划无人机可行路径，以辅助无人机追踪地面移动车辆。该算法主要解决了道路约束条件下的非线性问题，提出了良好的预测性能，该方法的可行性通过城市交通中真实汽车轨迹数据的数值模拟进行验证。

图 8　波尔图大学 ANTEX-X02 型固定翼无人机

图 9　Ota 空军基地无人机地面站

3　无人机识别与追踪技术应用

3.1　谷歌与美国联邦政府合作的 Maven 项目

谷歌与美国联邦政府在 2017 年 4 月确定合作 Maven 项目，该项目为军方提供 TensorFlow 编程工具接口和 AI 人工智能跟踪技术。谷歌将运用 AI 人工智能技术协助军方迅速分析处理其无人机拍摄的画面及视频，并通过无人机的全运动摄像机捕获、识别和跟踪地面移动的人员及车辆，提高无人机空袭打击目标精准度。Maven 项目的机器学习算法，其首个任务是协助美国防部高效迅速地处理无人机航拍的海量视频资料，利用人工智能技术识别大量无人机航拍视频中的汽车和其他物体。2017 年 11 月，情报分析人员对“扫描鹰”无人机所拍视频进行识别，计算机在几天之内对人员、建筑和车辆的识别准确率便达到 60%，一周后提升至 80%。该项目计划在 2018 年拓展到“捕食者”和“死神”等无人机上，与“死神”无人机搭载的全景摄像机结合，进一步扩大无人机监控覆盖范围。

3.2 Skydio R1 智能追踪避障无人机

Skydio R1 是美国 Skydio 公司生产的一款智能追踪避障无人机（图 10），该机搭载 13 个摄像头，用以实时制图、路径规划及避障。机载处理系统应用 Nvidia Jetson TX1 计算机，整合无人机飞行信息及感知环境信息，基于计算机视觉和人工智能深度学习实现 3D 场景的实时建模，用以识别人员、树木和汽车等物体，达到在不同地形和环境中避开障碍物追踪目标的任务。2018 年在旧金山某公园的演示中，Skydio R1 在树木中穿梭，不断调整距离和高度跟踪实验人员。相比市面上绝大多数无人机，Skydio R1 具有的先进性技术是其智能追踪避障的自主飞控算法，该无人机并未搭载 GPS 模块，完全以视觉数据为依据，通过对被追踪目标特征状态精确分析来实时改善追踪的准确性。

图 10 Skydio R1 智能追踪避障无人机

3.3 Guidance 视觉图像复合系统

Parrot 与英伟达（Nvidia）在无人机视觉图像复合技术方面展开研究，并采用包含机器视觉的复合型避障系统。Guidance 就是典型的视觉图像复合型智能避障系统。该系统在无人机四周及下方布置了进行障碍识别的摄像头，识别机制包含超声波和图像视觉，摄像头获取的图像可以直接传输到机载处理器进行计算处理。图 11 为 Guidance 视觉图像复合智能避障系统。

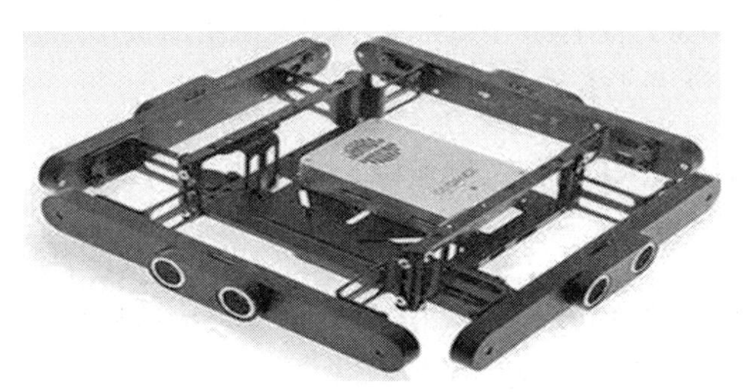

图 11　Guidance 视觉图像复合智能避障系统

4　结束语

无人机进行视觉识别与移动追踪任务具有灵活性强、隐蔽度高、视域视角广、恶劣场景适应性强等显著优势，在侦察勘测、消防救援、安防反恐、跟踪监控等领域应用广泛。目前世界各国对无人机追踪技术研究热度极高，随着视觉识别技术精准性与可靠性的提高，无人机移动追踪与打击在军事及军民融合领域的应用势必会迅速崛起。

参考文献

[1] 张昊. 美国无人机协同作战研究 [J]. 飞航导弹, 2017 (8).

[2] Helble H, Cameron S. OATS: Oxford aerial tracking system [J]. Robotics and Autonomous Systems, 2007, 55 (9).

[3] Hinas A, Roberts J M, Gonzalez F. Vision-based target finding and inspection of a

ground target using a multirotor UAV system [J]. Sensors, 2017, 17 (12).

[4] Jakobsen O, Johnson E. Control architecture for a UAV-mounted pan/tilt/roll camera gimbal [J]. Infotech@ Aerospace, 2005.

[5] Dobrokhodov V N, Kaminer I I, Jones K D, et al. Vision-based tracking and motion estimation for moving targets using unmanned air vehicles [J]. Journal of guidance, control, and dynamics, 2008, 31 (4).

[6] Oh H, Kim S, Shin H, et al. Coordinated standoff tracking of moving target groups using multiple UAVs [J]. IEEE Transactions on Aerospace and Electronic Systems, 2015, 51 (2).

[7] Greatwood C, Bose L, Richardson T, et al. Tracking control of a UAV with a parallel visual processor [C]. 2017 IEEE/RSJ International Conference on Intelligent Robots and Systems (IROS), 2017.

[8] Siam M, EIHelw M. Robust autonomous visual detection and tracking of moving targets in UAV imagery [C]. 2012 IEEE 11th International Conference on Signal Processing (ICSP), 2012.

[9] Zhang M, Liu H H T. Cooperative tracking a moving target using multiple fixed-wing UAVs [J]. Journal of Intelligent & Robotic Systems, 2016, 81 (3-4).

[10] Quintero S A P, Copp D A, Hespanha J P. Robust UAV coordination for target tracking using output-feedback model predictive control with moving horizon estimation [C]. American Control Conference (ACC), IEEE, 2015.

[11] Oliveira T, Aguiar A P, Encarnacao P. Moving path following for unmanned aerial vehicles with applications to single and multiple target tracking problems [J]. IEEE Transactions on Robotics, 2016, 32 (5).

[12] Oh H, Kim S, Tsourdos A. Road-map-assisted standoff tracking of moving ground vehicle using nonlinear model predictive control [J]. IEEE Transactions on Aerospace and Electronic Systems, 2015, 51 (2).

国外红外导弹导引系统发展与特点

王为奎　田　戎　吴　华　戴革林　万　华

红外导引系统发展被认为是战术导弹技术更新换代的标志。本文介绍了红外导引系统三个发展阶段与发展现状。基于红外导引系统三个关键子系统，介绍了美、英、法、俄、日及以色列和南非等国家红外导引系统以及子系统发展特点和成功经验。给出了红外导引系统以及子系统发展前景。

引言

红外导弹导引系统简称红外导引系统，是红外导弹最重要的子系统，一般放置在导弹最前端，也称红外导引头。红外导引系统主要包括红外光学系统、红外探测系统与稳定跟踪系统三个主要子系统，主要组成见图 1。红外导引系统代表红外导弹总体技术水平，特别是空空导弹红外导引系统的技术水平对近距格斗与夺取制空权起着决定性作用[1]。红外导引系统的发展尤其引人注目，备受世界各国高度重视。

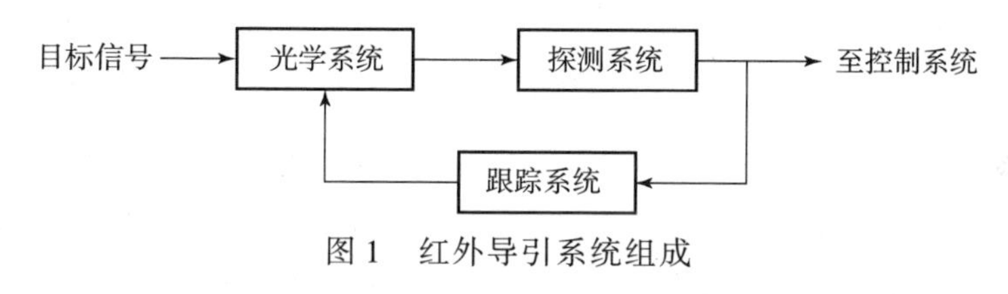

图 1　红外导引系统组成

1　国外红外导引系统发展阶段与发展现状

1.1　国外红外导引系统发展阶段

半个世纪以来，红外导引系统一直与红外制导导弹同步发展，特别是与红外空空导弹同步发展，红外导弹的每次更新换代无不以新的红外导引系统作为特征性标志[2]。红外导引系统发展经历了三个阶段，分别为单元探测导引阶段、多元探测导引阶段和图像探测导引阶段[3]。

单元探测导引是指用一个探测器敏感元对红外目标进行探测、跟踪、实现导引功能的技术[4]。这一阶段导引系统的探测性能低，获得的目标信息量少，没有解决好抗干扰问题。从 20 世纪 70 年代开始，产生了多元探测导引技术，进入多元探测导引阶段。多元探测导引系统是利用多个探测器（2 ~ 8 个）代替调制盘，形成不用调制盘的探测系统，实现调制盘功能。这一阶段大大改善了对目标的辨识能力，较好地解决了抗红外诱饵干扰问题。为摆脱把目标作为一个点源而只能跟踪目标最热部分的局限性，21 世纪初进入了图像探测导引阶段。图像探测导引系统由分布于光学系统焦平面上探测器阵列探测目标，使用特殊光学设备从这些探测器读出信息，按照探测器元件序号确定目标映像坐标。图像探测导引具有比点源（单元、多元）探测导引系统更大的优越性[5]。

1.2 国外红外导引头发展现状

目前红外导引头正处于多元探测导引头（第三代红外导引头）与图像探测导引头（第四代红外导引头）共存时代，第四代图像探测导引头正逐步替代第三代多元探测导引头[6]。第三代多元探测导引头中最具有代表性的是俄罗斯 P-73 导弹红外导引头；第四代图像探测导引头中最具有代表性的是美国 AIM-9X 导弹、欧洲国家的 ASRAAM 导弹凝视阵列图像导引头、德国的 IRIS-T 导弹线扫图像导引头[7]。

俄罗斯 P-73 空空导弹红外导引头是世界上第一个采用 L 型二元探测器代替调制盘的第三代多元探测导引头[8]。工作在 4 ~ 7.6 μm 波段，该导引头的三自由度陀螺位标器安装在一个跟踪平台上，由于跟踪平台的转动使目标视场与跟踪角度显著增大，达到 ±75°跟踪范围，跟踪角速度达到 60°/s，使苏-27 飞行员通过头盔瞄准镜只需要左右转头就可以跟踪目标，总体性能优于当时美国 F-16 飞机配备的AIM-9L 导弹。

美国 AIM-9X 导弹第四代图像探测导引头采用雷声公司为 ASRAAM 研制的 128 像素 ×128 像素凝视焦平面阵列，工作在 3 ~ 5 μm 波段，具有 ±90°跟踪视场与 ±90°离轴发射能力（第三代 ±75°），导引头对目标截获距离在背景条件良好情况下为 13 ~ 16 km（第三代为 5 ~ 7 km），杂波干扰下为 4.6 km。红外探测器采用斯特林制冷技术，大大减少地面勤务保障工作，导引头装在一个滚动、摇摆平架上，整体装在一个低阻力的头锥内，外部盖一个蓝宝石。AIM-9X 导引头能够与头盔瞄准系统配合使用，通过头盔指示系统，飞行员只需要转动头部并盯住目标即可进行瞄准，无须改变飞机姿态就可以进攻迎面或侧面的敌机。导引头可以跟随飞行员的头部转动，在整个前半球（180°）

甚至超过飞行员肩部范围内锁定目标，具有可以在180°范围内红外寻的与后射能力。凝视图像导引大规模探测单元对目标的截获和分辨能力强，特别适合对付复杂背景下高速机动小目标。图2为AIM-9X第四代图像探测导引头外形。

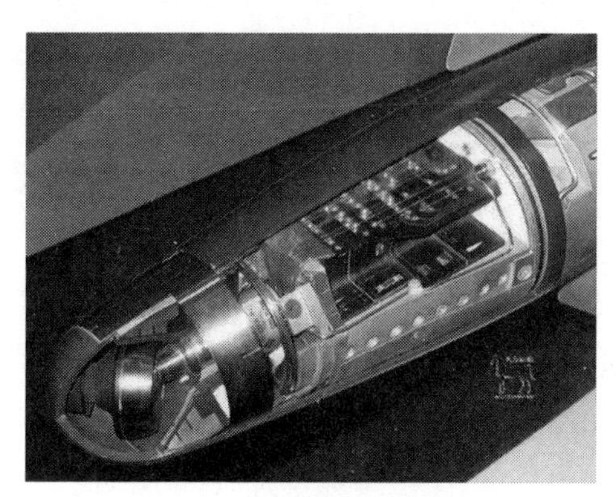

图2　AIM-9X导引头

欧洲国家ASRAAM导弹采用第四代红外成像导引头，由美国雷声公司提供核心部件为16384个探测器的凝视红外焦平面阵，只有拇指大小。据称，该导引头与美国AIM-9X的导引头极其相似，性能也几乎一样。德国IRIS-T采用一个128元线列扫描图像导引头，视场可达180°。以色列的“怪蛇”-4采用100元线列扫描图像导引头，该红外导引头具有大跟踪范围与高的跟踪速度，也可配合头盔瞄准系统。这种导引头对目标的探测距离可达110 km，接近载机雷达的探测距离。南非“A-突击者”采用红外成像导引头，具有偏转±90°瞄准和发射后锁定目标能力，与AIM-9X、ASRAAM、IRIS-T同属于一个级别。

目前，第四代图像探测导引头代表了红外导引头最新发展阶段与最新发展现状。但由于采用多元探测器的导引头，特别是四元十字探测器红外导引头技术成熟、价格低廉，在现役红外格斗导弹中仍占据很大分量，今后一段时期将是第三代多元探测导引头与第四代图像探测导引头共存的时代。

2　国外红外导引系统发展特点

美、英、法、俄、日等国外红外导引（系统）技术一直处于世界前列，各自在红外导引系统发展中具有自己特色和成功的经验；以色列和南非在红外导引系统发展上也很有自己特色，值得引起重视与借鉴。

2.1　美国红外导引系统发展特点

第二次世界大战后美国就把发展红外导引技术（系统）确定为自动导引导弹发展方向，并集合国际上顶尖科技人才开展研究。20 世纪 40 年代末，美国在近红外探测器方面取得了突破，50 年代初成功设计出世界上第一个可用于弹载环境的 AIM-9B 导弹红外导引头，这个导引头以一体化设计和构思巧妙、结构简单而著称。从此确立了美国在红外导引技术发展中的领先地位，并使红外导引头的研制走上了系列化发展道路。60 年代和 70 年代美国相继研制出较先进的 AIM-9D 和 AIM-9L/M 导弹红外导引头，使美国在红外导引技术方面保持了领先地位。尽管美国在提高抗红外干扰能力方面做了不懈努力，但直到 90 年代苏联解体，P-73 导弹公布于众，红外导引技术才有了新的突破。其标志是 AIM-9X 导弹导引头的诞生（图 3）。

图 3　AIM-9X 红外导弹

2.2　苏联/俄罗斯红外导引系统发展特点

苏联/俄罗斯也是红外导引技术比较发达的国家。经过战后几十年的发展，研制出许多型号的红外导引头。苏联/俄罗斯立足于自己建立的设计平台，灵活地借鉴国外技术，随后在 20 世纪 80 年代初创新地研制出第三代 P-73 红外导引头导弹，性能优于当时美国 AIM-9L 导弹，这体现了苏联自主发展科技路线的特色。由于苏联解体，没有足够资金支持发展红外成像导引技术，80 年代的优势在 20 世纪末被美国超越。直到新一代红外导引技术发展趋势在国际上得到共识时[9]，俄罗斯才奋起直追，开始大力研发以 P-74 为代表的红外成像导引系统。P-73红外导弹见图 4。

图 4　P-73 红外导弹

苏联/俄罗斯在红外导引系统的发展中最突出的特点是极其重视系统集成能力的提高，把吸收国外先进技术和自己创新结合得比较出色。在注重自主创新的同时，积极、充分运用可能获取的一切国外成果，从高起点发展自己的红外导引技术。另外，苏联和独联体各国几乎将所有空空导弹，不管是近程还是远程的，都配上了红外导引头。积极推行红外导引头与雷达导引头互换也是他们坚持独立自主发展路线的特色。

2.3　欧洲各国红外导引系统发展特点

英国、法国在红外导引系统的研发方面也处于世界先进水平，早期英国的“红头”导弹、法国的“玛特拉”R550 都是自己独立发展的红外导弹。由于英国、德国深感研究第三代红外导弹的经济能力不足，在向美国直接采购和合作生产 AIM-9L 导弹的同时也积极寻找合作开发者。法国也自主开展红外导引技术的研究，在创新采用多元导引技术之后研制出“玛特拉”550II 型导弹红外导引系统，它以红外导引头独具特色而著称。其后在联合发展第四代空空导弹初期，英、意等国曾和美国联合发展 ASRAAM 导弹，但未能坚持下去。最后英国与法国合作研制出 MICA/SRAAM 红外成像导引头，德国 IRIS-T 导弹的红外成像导引头也取得了成功。欧洲红外导引技术至今也以红外成像为发展方向，但并没有走单一凝视成像的道路。德国考虑未来发展与自己的优势，成功研发了一维线扫图像导引系统。至今，欧洲红外导引系统的研发水平已与美国相当接近。

2.4 日本红外导引系统发展特点

日本于 1961 年提出 AAM-1 红外导引系统开发计划，外观与性能是美国 AIM-9B“响尾蛇”的翻版，1972 年购买了当时美国最新型的“响尾蛇”AIM-9L 格斗导弹生产专利，AAM-2 红外导弹研制终止。1986 年借鉴美国 AIM-9L 导弹先进技术开发 AAM-3 导弹，1990 年装备部队，即日本现役的“90 式空空导弹”，是日本现役主力近距格斗红外空空导弹之一（AAM-4 为日本唯一主动雷达制导空空导弹），AAM-5 为日本新一代全向攻击红外格斗空空导弹，即日本现役为“04 式空空导弹”，带有推力矢量，采用红外焦平面列阵成像，具备较好的离轴发射及攻击能力，据报道其战术性能已经超过美国 AIM-9X 红外导弹。见图 5。

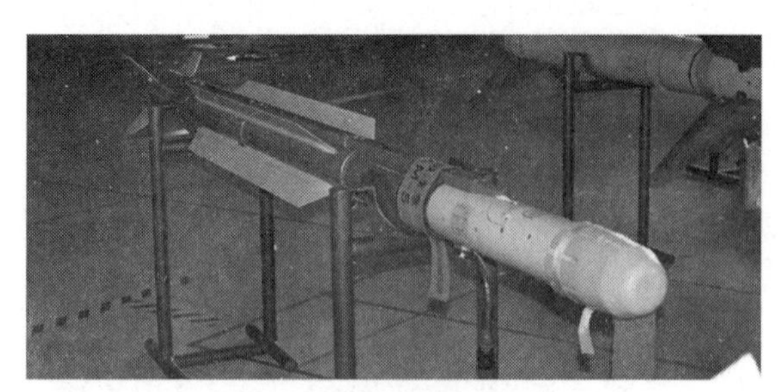

图 5　AAM-5 红外导弹

通过与图3 AIM-9X 红外导弹对比可以发现：日本 AAM-5 红外导弹从外形以及气动布局与美国 AIM-9X 十分相似，可以说就是AIM-9X 的复制品。日本红外导弹导引系统的特点是通过购买美国专利自主制造或与美国合作研发关键模块与组件，主要是吸收美国先进技术，双方共享关键技术，在日本生产与组装关键组件，其红外导引系统能够达到或超过美国现役最先进技术水平。

2.5 以色列和南非红外导引系统发展特点

以色列和南非人口不多，但他们在吸收国外第二代成熟的红外导引技术之后，20 世纪 90 年代初就已跻身第四代红外制导导弹研制行列，创建了独立发展红外成像导引系统的技术条件，并于21 世纪初使红外成像导引技术进入最后工程应用阶段。他们的发展特色是：在欧、美培养人才与学习先进技术，有选择地开展专项关键技术研究，研制诸如红外成像探测器一类的核心器件和组件，在国内进行工程开发，这样虽然本国资源有限，但在取得先进国家专门信息和资源的支持下，也设计出属于世界先进水平的红外导引头，是值得关注的发展特色。

3 红外导引系统发展前景

随着新技术的不断出现，世界各国一直不断追求将更先进的技术用于红外导引系统，红外导引系统具有极大发展前景。

导引系统的发展离不开红外光学系统、红外探测系统与稳定跟踪系统这些分系统的发展，虽然红外探测系统发展成为红外导引系统发展的主要标志，红外光学系统、稳定跟踪系统也必须相应取得同步发展。

目前典型的红外光学系统由点源光学系统正逐步过渡到成像光学系统，成像光学系统是目前与今后一段时间发展的主流方向，未来随着双色导引光学系统与多光谱导引光学系统迅速发展[10]，也具有广阔的发展前景。另外，随着光学元件加工工艺的不断提高，基于波动原理的二元光学系统、基于补偿技术的无热化光学系统以及基于空气动力特性的保形光学系统将获得重大技术突破[11]，也具有很好的发展前景。红外探测系统方面，当今成像探测系统正处于蓬勃发展时期，目前的多元探测系统很快过渡到图像探测系统，这种飞跃首先应归功于军用光电子技术的迅猛发展和微电子器件以及微计算机技术在弹上的成功应用。扫描成像探测、凝视成像探测、双色成像探测、多光谱成像探测等技术都有很宽阔的发展空间。目前成像探测已成为发展的主流，采用凝视红外焦平面探测器阵列的红外成像导引头是目前最先进的红外导引系统，是红外导引系统的主要标志。未来随着新型探测元件以及数字处理技术的快速发展，采用凝视红外焦平面探测器阵列的红外成像导引系统具有无限的发展前景。在稳定跟踪系统方面，近年来由于采用新的稳定控制技术，出现了一种新型捷联稳定跟踪平台，平台取消了框架结构[12]，采用数字平台实现跟踪，避免了动力陀螺稳定平台的复杂系统和机械跟踪速率的局限性，具有结构小型化、控制数字化、智能化、导引精度高等特点，可以实现速率稳定和对目标的准确跟踪，改善了导引系统结构，利用计算机系统优化了控制，提高了跟踪精度和速度，具有很强的生命力和广泛的发展与应用前景。

随着导引系统对目标的跟踪精度越来越高，跟踪稳定性与快速性要求越来越高，导引系统未来可能在与目标交会时实现对目标的准确定位，这就意味着未来红外导引头兼有光学近炸引信的功能。另外，随着激光致盲技术越来越实用化和工程化，要求红外导引系统具有激光致盲的功能也越来越迫切，已经取得的研究成果表明在不远的将来红外导引系统有可能实现抗激光致盲功能。随着现代战争干扰与抗干扰越来越复杂，对红外导弹抗干扰能力提出更高要求，为此，导引系统必将向多传感器方向发展，而且红外导引系统与雷达导引系统共模的导引模式将改变目前红外导引系统的含义。

可以预见，在新世纪随着光电子、微电子、微机电、微计算机、现代控制以及先进功能材料技术的进步，红外导引系统必将向着智能化、微小型化、多功能化方向进一步发展，将会展现更加辉煌的前景，这些在一定程度上将改变红外导引头的面貌。

4 结束语

红外探测系统是红外导引系统的主要标志，凝视红外焦平面探测器阵列图像探测系统逐步代替点源探测系统，稳定跟踪平台由新型捷联稳定跟踪系平台逐步代替传统的动力陀螺稳定平台，保形光学系统也即将代替目前的传统光学系统，新一代红外导引系统即将到来。但目前以美国 AIM-9X 为代表的第四代红外图像导引系统仍是今后一段时间的典型代表与最先进的技术成就。面对红外导引系统的快速发展与更新换代，必须高度重视国外红外导引系统的最新发展动态，特别是凝视红外焦平面探测器阵列图像导引系统关键技术与关键组件的研发，借鉴国外红外导引系发展特点，特别是美、英、法、俄、日以及以色列和南非等国家在红外导引系统发展过程中特色和成功的经验，吸收先进技术成就，快速更新换代我国红外导弹导引系统。

参考文献

[1] 任森，王秀萍. 2010 年国外空空导弹发展综述［J］. 航空兵器，2011（2）.

[2] 宫朝霞，王蕾. 国外空空导弹发展综述［J］. 飞航导弹，2011（4）.

[3] 刘科，李丽娟. 空空导弹与红外导引系统发展评述［J］. 红外与激光工程，2016（46）.

[4] 贾秋锐，孙媛媛，钟咏兵. 空空导弹发展趋势［J］. 飞航导弹，2012（7）.

[5] 张肇蓉，高贺. 国外红外制导空空导弹的研究现状及其关键技术［J］. 飞航导弹，2016（3）.

[6] 赵超，杨号. 红外制导的发展趋势及其关键技术［J］. 电光与控制，2008（15）.

[7] 孙再龙，刘会通. 国外红成像制导对探测器的需求［J］. 红外与激光工程，2008（37）.

[8] 赵峰民，陈旺达. 从战场环境变化看红外导引头的发展［J］. 飞航导弹，2011（10）.

[9] 樊会涛. 第五代空空导弹的特点及关键技术 J]. 航空科学技术, 2011 (3).
[10] 李丽娟, 白晓东. 空空导弹双色红外成像制导关键技术 [J]. 红外与激光工程, 2013 (43).
[11] 赵洪卫, 候天晋. 军用光学整流罩技术研究的进展 [J]. 红外与激光工程, 2010 (40).
[12] 张平, 董小萌. 机载/弹载视觉导引稳定平台建模与控制 [M]. 国防工业出版社, 2011.

雷达干扰模式识别技术综述

朱清祎　尚朝轩　董　健

本文介绍了雷达干扰模式识别技术的背景，总结了近几年干扰模式识别领域的创新性研究，重点介绍了两种最常用的基于特征提取的干扰识别算法：判决树分类法和神经网络分类法，给出了这两种方法在干扰识别中的工作流程。最后对干扰识别技术未来的发展方向做出了展望。

引言

随着科技水平不断提高，现代战争已经演变成为以电子战为先导，陆海空天电五位一体的立体化高科技战争，战场环境日益复杂。在这种复杂电磁环境下，雷达能否正常发挥作用对于战争的胜负至关重要。作为信息化战争的重要组成部分，雷达对抗是采用专门的电子设备和器材对敌方雷达进行侦察和干扰的电子对抗技术，包括雷达侦察和雷达干扰，目的是在保证己方雷达工作效能的同时，获知敌方雷达的情报，阻碍敌方雷达正常工作。

雷达有源干扰正被越来越广泛地应用到雷达对抗之中，1991 年以来，基于大功率发射机的有源压制干扰和基于数字射频存储器（DRFM）的有源欺骗干扰技术的大力研究和发展，使得雷达抗干扰技术面临着极大的挑战，雷达需要长足的进步才能有效应对出现的困难。但目前大部分雷达都不具备自适应干扰识别的能力，为后续自动选取合适的抗干扰手段带来了困难。实现雷达干扰类型的自动判别，能够有效保证雷达正常进行战场工作，大幅提高雷达战场生存能力，确保己方受到影响最小。因此，研究行之有效的雷达干扰识别算法成为各国研究的重点，具有重要的理论和现实意义。

1 背景与现状

雷达干扰模式识别，是指雷达在遭受到干扰时，对接收到的干扰信号进行信号处理，提取出干扰信号的特征信息，从而判断出受到的是何种干扰，以便于后续采取相应的抗干扰手段，以保证己方雷达能够正常工作。传统的雷达干扰识别方式主要分为两种：基于极大似然准则的干扰识别算法和基于特征提取的干扰识别算法。基于极大似然准则的干扰识别算法根据获得的先验信息，建立数学统计方面的模型，再凭借以往的经验，运用概率学知识，结合雷达操作手对雷达显示界面的观察，凭借主观经验来判别受到干扰的类型。这种方法不仅计算量大，不易工程实际应用，实用性差，而且检测结果也过于主观，可靠性很差，因此应用很少。而基于特征提取的干扰识别算法是从不同种类干扰信号的产生机理出发，将干扰信号变换到多个变换域，分析其特征差异，并提取特征参数，建立各种干扰信号特征差异的数据库。当干扰信号到来时，运用分类识别模型对干扰信号进行识别。

一种基于特征提取的雷达智能化干扰识别的流程如图 1-1 所示。首先要提取样本干扰信号特征，常见的特征提取方法有中频信号处理法、信号回波谱相关法、时域信号自相关法、调制方式分析法和时频分析法等。其中时频分析法运用最为广泛，代表方法有短时傅里叶变换法、小波变换法、Wigner 变换法等，近几年又以小波变换法最为热门。根据实际需要，采用合适的特征提取方法对需要识别的干扰信号进行特征提取并计算样本干扰信号的特征参数并建立干扰特征库，当未知干扰信号到来时，将未知信号的特征参数与干扰特征库进行比对，采用分类器来判断干扰类型。基于特征提取的干扰识别算法是目前运用最为广泛的识别方法，针对部分干扰的识别效果很好。常用的方法有统计决策树判决法、神经网络判别法等。

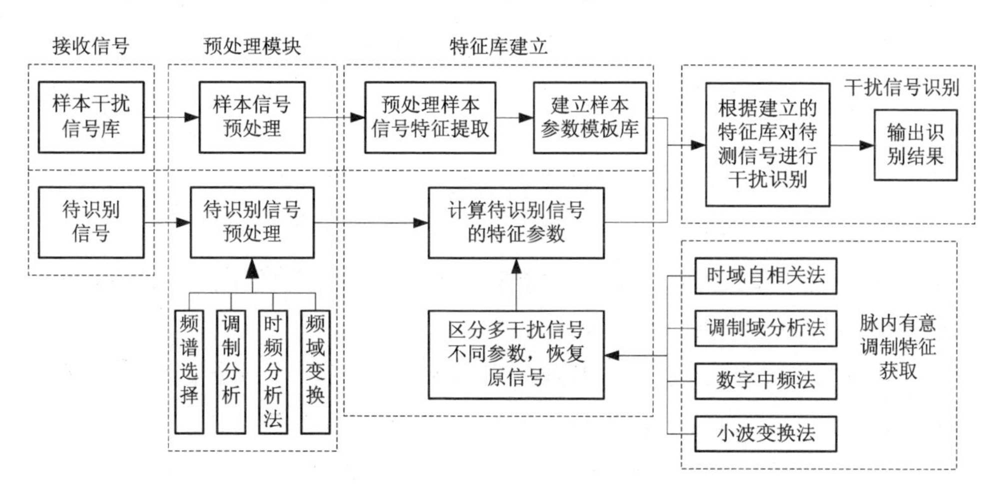

图 1-1 基于特征提取的雷达智能化干扰识别的流程

近年来，国内外对于基于特征提取的干扰识别算法进行了相当多的研究。文献［1-3］提取了雷达有源干扰信号在多个变换域的特征，并采用神经网络、判决树等识别方法对其进行了识别，比较了各种识别方法的识别效果和适用范围，对一些典型有源干扰取得了不错的识别效果，但涵盖的干扰模型过少，且与实际干扰信号之间存在着一定的误差。文献［4］讨论了基于数字射频存储器（DRFM）的有源干扰的识别问题，将干扰建模为一个复杂的相关高斯过程，运用自适应相干估计器（ACE）和广义似然比检验（GLRT）两种方法对干扰进行分类识别，分析了两种算法的性能优劣，并用蒙特卡洛法对其进行了评估。文献［5］从单个脉冲细微特征分析出发，较为详细地讨论了雷达信号的脉内细微特征的分析技术并给出了可能的工程实现方案；文献［6］在此基础上从工程实用角度分析了常见特征提取方法的特点，重点研究了短时傅里叶变换法的识别过程，并进行了硬件实现，但分析精度有待提高。文献［7］提出了一套新的识别不同调制类型的判定标准，在信噪比为 10dB 时分类成功率在 90% 以上，能够很好地区分干扰信号的调制类型，作为信号的粗分类效果较好。文献［8］分析总结了常用特征提取方法的优缺点和适用范围，并基于不同调制类型信号的频谱形状不同，提出了一种利用离散余弦变换（DCT）去相关实现信号调制特征提取的方法。这种方法计算量小，正确识别率高，取得了不错的效果。文献［9，10］研究并分析了小波变换在雷达信号调制特征提取的运用并指出了其优缺点。文献［11］提出了一种全息脉内特征提取方案，并利用小波脊线理论对相位编码和频率编码等调制信号实现了较为准确的识别。文献［12］运用多假设检验的思想，提出了一种基于广义似然比检验（GLRT）的两步法，能够有效识别移频干扰，但涵盖的干扰模型少，适用范围小。

尽管目前对于干扰信号识别的研究相当广泛，但现有的算法都存在着针对特定类型的干扰识别效果好，缺乏泛用性的问题，且提取的干扰特征应该更为典型，使后续干扰识别分类的进行更为顺利。

2 常见干扰模式识别方法

干扰识别的目的是将不同的干扰信号区分开，常见的分类器都可以运用到干扰识别领域，但性能各有优劣，适用范围也不尽相同。常见的分类识别算法包括决策树分类、神经网络识别、支持向量机分类、贝叶斯分类器等，以下主要介绍两种最为常用的分类方法。

1.1 决策树分类识别法

决策树分类识别法是借助一个树形分支结构，对获得的数据进行分类。树的内部节点表示对某种属性的判断，该节点的分支是对应的判断结果；叶子节点代表一个类标。雷达干扰识别本质上是一个二维分类问题，因为雷达的干扰类型之间相互可以区分，就可以将干扰识别问题看作一类与其他类区分开的二维识别问题。方法是选择合适的特征参数，通过训练样本得到特征参数的门限值，从根节点开始自上而下建立统计决策树，而后利用生成的决策树对未知的数据进行分类。其基本流程如图 1-2 所示。

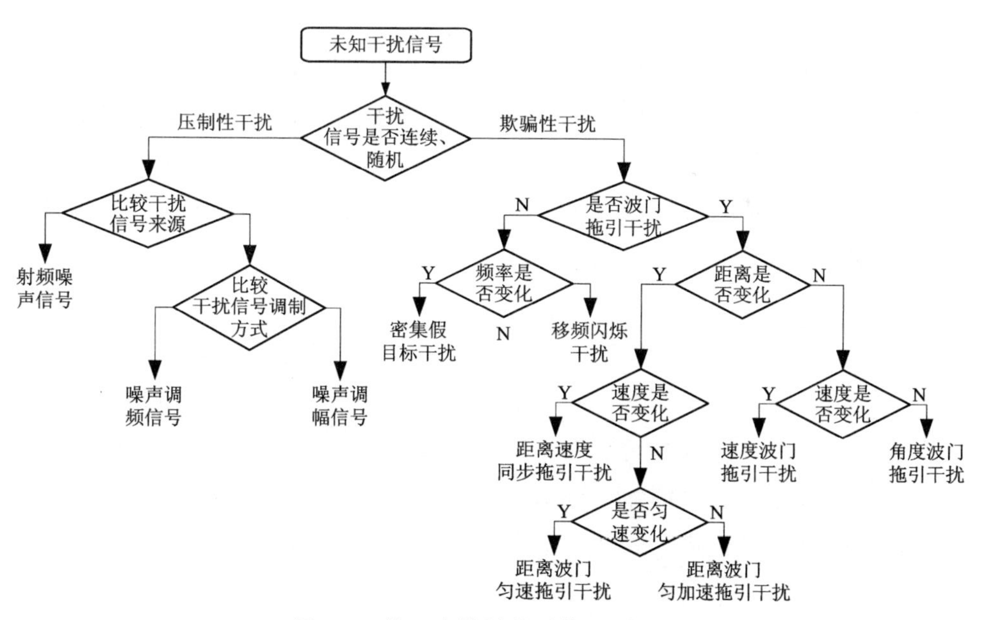

图 1-2 基于决策树的干扰识别流程

图 1-2 给出了对常见干扰的直观判断。当干扰信号到来时，首先从信号形式上判断是压制性干扰还是欺骗式干扰。对于压制性干扰，通过判断干扰信号是否对雷达信号进行调制、进行了何种调制，可以将

其区分为射频噪声干扰、噪声调幅干扰、噪声调频干扰等。对于欺骗性干扰，首先判断是否为波门拖引干扰，再通过判断哪些参数不变，将其具体分类。决策树分类的主要工作集中在节点门限值的选择。门限值必须易于判断和区分，且提取简单便捷。

决策树分类法的优点是易于理解和解释，判决直观，前期不需要进行数据一般化处理，便于实际操作应用。决策树分类法不要求数据属性的单一，同时，决策树分类法在较短的时间内能够对大型数据做出较好的分类结果，兼顾了时间和效率。在面对大量干扰信号存在时，决策树分类法仍然行之有效。但决策树分类法在低干噪比的情况下，准确识别率比较差。这是因为在低干噪比时阈值选择的不确定性很大，影响了识别结果。

1.2 神经网络分类识别法

神经网络识别算法中运用最多的是 BP 神经网络，BP（Back Propagation）神经网络是 1986 年由 Rumelhart 和 McClelland 为首的科学家提出的概念。最基本的 BP 神经网络是一种按照误差逆向传播算法训练的多层前馈神经网络，根据每次训练后的误差来调整连接权值，使得网络对于输入参数的识别正确率不断上升。

BP 神经网络由输入层、中间层、输出层构成，图 1-3 给出了一个三层的 BP 神经网络。利用 BP 神经网络分类的算法核心思想可以概括为：找到一组权值使得整个网络的损失函数最小。具体步骤分为三步：首先将一个样本输入神经网络输入层，得到输出结果；其次计算损失函数，即输出结果与样本理想输出结果之间的误差，按极小化误差的方式向前级反馈；最后根据反馈调整连接权值使得误差减小。重复以上三步直至误差不再明显改变，则认为此时误差最小，网络正确率达到最大，停止训练。

当 BP 神经网络用于干扰模式识别时，神经网络的每一个输入对应样本的一个特征，每一个输出节点对应一种干扰类别。用于干扰模式识别的神经网络模型如图 1-4 所示。

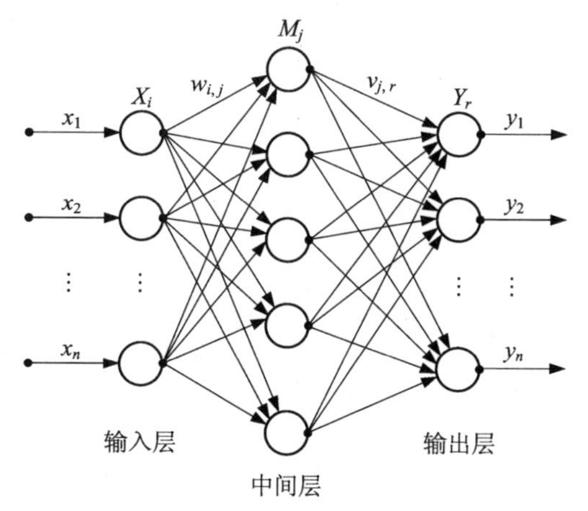

图 1-3　三层 BP 神经网络模型

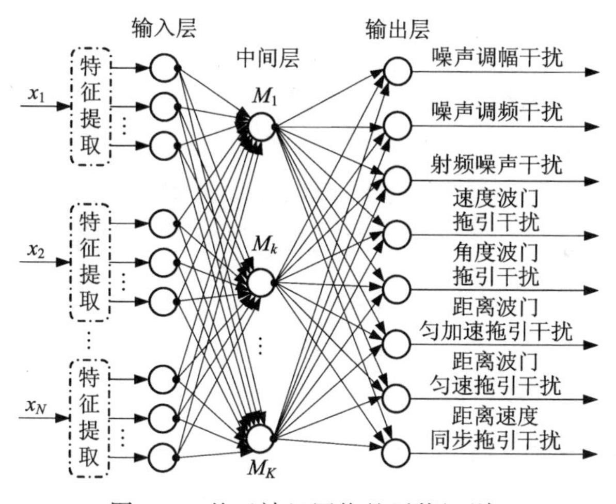

图 1-4　基于神经网络的干扰识别

图中，X_i 代表未知的干扰信号，进行特征提取后得到若干个干扰特征，将每个干扰信号的干扰特征作为一组输入神经元，通过神经网络后，输出为相对应的干扰类型。特定类型的干扰来临时，相对应的干扰类型输出神经元为 1，其余输出神经元为 0，如此达到对未知干扰类型进行分类的效果。

神经网络分类法的优点是具有自学习能力，能够进行一定程度的预测，在全干噪比条件下，识别效果良好，但神经网络前期需要大量的样本进行训练，以建立稳定的模型，计算量很大。且神经网络分类识别法收敛速度慢，在实际运用中存在缺陷。

3 发展趋势

尽管现有的研究对大部分干扰信号类型都有涉及，但现有的研究存在着识别干扰种类少、识别不针对类内信号等问题，使得现有分类算法的适用范围有限。同时，在复杂的电磁环境下，雷达回波会夹杂着大量的噪声、地物杂波以及其他电磁信号，这些因素都会影响分类识别的性能[13]。但现有的算法大都没有深入研究这些因素。这些问题亟待进一步研究，主要应关注以下几个方面：

（1）选取更准确的信号特征参数。

在实际情况中，干扰特征的提取会受到信号样本中噪声的干扰，噪声越大，特征提取越困难。当干噪比低于某一特定门限时，认为干扰信号被噪声完全覆盖，这时所得到的信号特性只能反映样本信号中噪声情况，不能描述干扰信号的特性[1]。因此所研究的特征参数不仅要容易反映不同类型干扰信号之间的差别，且要不容易受到噪声的影响，当干噪比较小时，仍能保证有效提取到该特征参数。

（2）优化基于人工智能的干扰识别算法。

人工智能作为计算机学科的一个分支，20 世纪 70 年代以来被称为世界三大尖端技术之一，也被认为是 21 世纪三大尖端技术之一，近 30 年来发展迅猛，广泛应用于多个学科领域，并且成果丰硕。人工智能是研究如何使计算机来模拟人的某些思维过程和智能行为，完成过去只有人才能做的智能工作。这与干扰识别领域的需求具有共通之处。现有的识别算法也有不少已经应用到了人工智能领域的思想，如神经网络识别、支持向量机分类等，但在识别速度和识别准确率上还有待提高。这些基于人工智能的干扰识别算法在未来将会成为干扰识别的中坚力量和发展趋势，在雷达实际工作中更加高效可靠，并且具有极大的发展空间，对当前雷达抗干扰领域的研究也具有重要的意义。

（3）设计新型干扰信号参数辨识算法。

干扰信号识别过程中的核心步骤之一就是干扰信号参数辨识，通过辨识可以在干扰信号多、大量的信号在时间、空间、频谱发生随机交叠、电磁环境复杂的情况下，获知干扰信号的参数，从而将其和雷达信号进行区分。传统的五参数法在电磁环境日益复杂、雷达数量不断增加、信号密度突破百万量级、信号参数呈现多姿态的今天，已经不能满足要求。现有的干扰参数辨识方法存在着大量的信息冗余，消耗了大量的时间成本。需要设计一种能够用更少的特征参数获取更好识别效果的干扰信号参数辨识方法，减少需要获取的特征参数，提高辨识效率。

4　结束语

干扰信号识别在雷达电子对抗中是不可或缺的一环，研究一种或多种可靠迅速的自适应干扰识别方式，对于缩短雷达应对时间，减弱人为误差影响，提高雷达抗干扰水平，都具有重要的意义。

参考文献

[1] 武俊强. 雷达有源干扰类型判别研究与实现［D］. 西安：西安电子科技大学，2014.

[2] 檀鹏超. 雷达有源欺骗干扰多维特征提取与识别技术研究［D］. 成都：电子科技大学，2016.

[3] 范伟. 雷达有源干扰信号特征分析与识别算法研究［D］. 成都：电子科技大学，2007.

[4] Greco M, Gini F, Farina A. Radar detection and classification of jamming signals belonging to a cone class［J］. IEEE Transactions on Signal Processing, 2008, 56 (5).

[5] 穆世强. 雷达信号脉内细微特征分析［J］. 电子信息对抗技术，1991（2）.

[6] 李程. 雷达信号分选与识别技术研究及系统实现［D］. 长沙：国防科学技术大学，2009.

[7] Azzouz E E, Nandi A K. Automatic identification of digital modulation types［J］.

Signal Processing, 1995, 47 (1): 55 - 69.

[8] 宋云朝. 雷达信号细微特征提取方法研究 [D]. 成都: 电子科技大学, 2008.

[9] 顾明超, 王雷, 赵国庆. 基于小波分析的雷达信号调制方式识别 [J]. 舰船电子对抗, 2009, 32 (6): 83 - 85.

[10] 王渝冲, 宿绍莹, 陈曾平. 基于小波变换的雷达信号调制类型识别方法 [J]. 计算机工程, 2012, 38 (23): 166 - 168.

[11] 邹顺. 雷达信号分选与细微特征分析 [D]. 西安: 西北工业大学, 2006.

[12] G Lu, Y Lei, Y Bu, YQ Chen. Radar detection and classification of shift - frequency jamming

[13] 鲍大祥. 雷达干扰分类判别方法研究 [D]. 西安: 西安电子科技大学, 2015.

信息反馈融合方法综述

邵明敏　张　秦

传统的信息融合框架一般采用单向融合模式，不利于信息的累积、认知和反复利用，因而信息利用率低，限制了信息融合效果。反馈式融合采用由融合输出向输入的反馈机制，在抑制干扰、提高目标检测效果和精度等方面有较好的表现，而且融合过程的控制也更为灵活，在提高系统信息利用率的同时也具备了智能化信息处理的潜能。因此，反馈式融合结构在近年来得到了广泛的关注。本文对反馈融合方法在传统信息融合框架各层级中的应用进行了研究。结合国内外发展状况，总结了一些信息反馈融合新的思路和方法，对其中存在的一些问题进行了描述，并对下一步的发展和应用方向进行了展望。

引 言

与单个传感器构成的信息系统相比，多传感器信息融合（Multi-sensor information fusion，MSIF）系统明显地改善了观测过程，提高了检测、估计和跟踪效果，提高了系统观察能力[1]。因而，近年来，多传感器信息融合系统在战略预警和防御、战场情报获取、海洋检测等军事领域和机器人、医学诊断等民用领域得到了广泛的应用。基于多传感器信息融合的目标检测、跟踪、识别及威胁判断、态势估计等方法在应用的同时也得到了较大的发展。

随着多传感器系统应用环境日益复杂，其研究领域也不断深入，日趋多样的目标类型和复杂干扰环境对信息融合的理论与方法提出了更高的要求。尽管与传统的单个传感器结构相比，多传感器系统可以在较大程度上利用信息的冗余性和互补性，在一定范围内解决了目标检测稳定性差、跟踪误差大、识别率低等问题，但在一些特定的应用场合下，由于其所采取单向开环融合模式，缺乏对融合结构和融合方法的自适应调整机制，所以，对复杂环境的适应能力仍不理想，在环境或目标自身状态变化较大的情况下，融合效果有待提升。

信息融合框架的单一性、对输出结果的单向调节是导致多传感器信息系统适应性不高的主要原因。为提高融合系统的适应性，许多学者进行了大量的研究。其中，在融合输出与输入之间建立反馈通道，在算法的支持下，在一定程度上提高目标检测、跟踪和识别的自适应能力是解决这一问题的有效途径。为此，本文着重对反馈式融合这一特殊的信息融合结构进行研究，归纳和总结了不同处理层级和应用环境下的处理方法，以期为基于多传感器框架下认知系统的研究创造条件。

1 多传感器融合

多传感器融合技术是从多个级别、多个方面、多个层次对多个传感器的数据进行处理，进而产生新的有重要意义的信息，其研究如何

结合多源信息以及相关数据所得到的信息，以此来获取比单一的传感器更为精确的结果。

人和动物利用多种感官提高生存能力，从而更准确地了解周围环境状况并做出相应反应，提高自身的生存环境，这就是在实际生活中应用多传感器数据融合的实例。目前，多传感器数据融合系统在目标检测、目标跟踪、自动目标识别等领域的应用十分广泛，其主要解决的问题是：①扩展了系统时间和空间的覆盖范围；②增加了系统信息利用率；③显著提高系统的精度；④多传感器对目标的特征描述形成了互补信息，提高系统的观察能力。

在多传感器系统中加入反馈式融合结构，可以提高系统信息的利用率，提高各个传感器的状态估计和精度预测，并使系统具备了智能化信息处理的潜能，使系统具备自学习的能力，能够通过反馈不断修正自身参数，改善融合性能。本文对反馈融合方法在传统信息融合框架各层级中的应用进行了研究。

2 反馈式信息融合模型

JDL 模型及其各类修正模型从信息融合的功能和结构两个角度进行了完整的描述，并将其分为五个层次[2]。在这些层次中，第一层为检测层融合；第二层为位置层融合；第三层为属性层融合；第四层为态势估计；第五层为威胁估计。在目前的应用中，前三个层级适合于任意的信息融合，而对信息融合系统的研究也多集中于此，本文重点对这三层级反馈式融合进行介绍。

在检测层级的融合中，融合具有串行结构、树状结构和带反馈的并行结构等。位置级融合的应用在目标跟踪系统中有所体现，其在多传感器系统中采用分布式结构、混合式结构和多级结构等融合方式。在这一级融合中，对于单个传感器而言，其自身的反馈支路是实现自动跟踪的必要条件，而由融合节点向各传感器的反馈支路则是构建多传感器跟踪系统的重要问题。在属性级融合中，提高决策系统对各传感器的属性信息的融合能力，同样可以通过建立反馈支路实现。

2.1 检测级反馈融合

检测级融合一般需要处理大量的原始数据，受到多传感器系统传输带宽的约束，一般将这些信息在各检测系统中进行初步处理和压缩后，再将信息送回至融合中心进行融合计算，并最终作出判决。

对于检测级反馈式融合系统，在结构上一般采用两种拓扑形式，一种形式是由融合中心向融合中心作反馈，即将融合中心的判决结果作为反馈数据，在下一次的计算中送回至融合中心，以此数据作为融合的一个新的输入参数；另一种形式是由融合中心向单个传感器的反馈，即通过窄带信道，将融合中心的判决结果送至局部检测器，作为其下一时刻的检测判决的一个输入参数。文献［3］对由融合中心向局部检测器的反馈进行了研究，探索出一种将检测器局部判决结果与融合中心融合结果的误差多步累积平均值，并对检测器下一步判决进行修正的反馈式融合方法，进而在较大程度上使检测器对目标的检测概率得到提高。该反馈式融合方法的结构如图 1 所示。

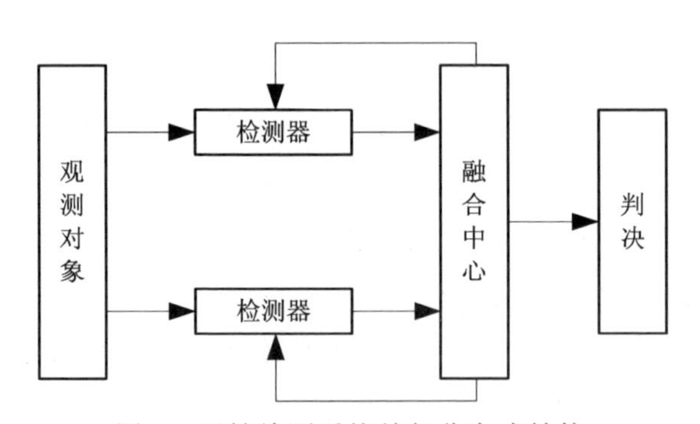

图 1　反馈检测系统并行分布式结构

另一种检测级反馈融合的结构是从融合中心向融合中心的反馈[4]，去除性能较差的信道影响和本地检测器，运用 NP 准则，推导出融合中心的最优化判决形式。这一方法较好地解决了局部传感器受到强干扰的情况，提高了检测级融合的质量，如图 2 所示。

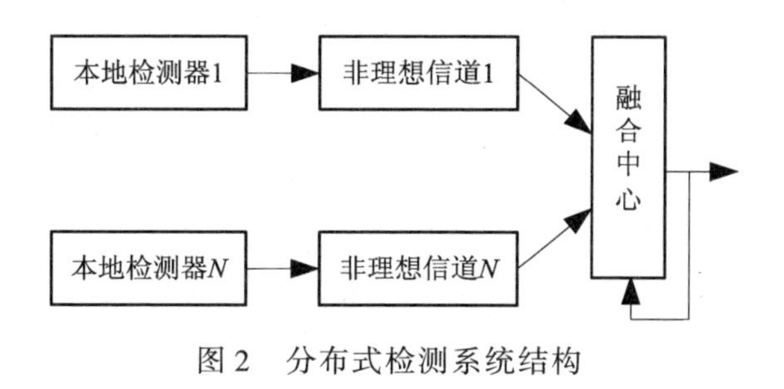

图 2　分布式检测系统结构

2.2　位置级反馈融合

位置级融合也被称为多传感器目标轨迹跟踪[5]。对于目标轨迹跟踪问题，在传统跟踪融合框架上，倾向于利用单向融合模式，跟踪结果是从大量复杂的数据中归纳得出，其在空间层面上的融合方式主要包括：

（1）将原始数据直接融合；

（2）在原始数据的基础上得到特征级数据后，再进行本层级数据融合；

（3）在特征级数据基础上得到决策级的数据后，再进行本层级数据融合。

信息利用率较低是传统跟踪融合模式的缺点。近年来，学者们一直探索在传统方法的基础上引入反馈模式，寻找出了一些关于目标跟踪问题的信息反馈思路[6]。

现有常用的信息反馈思路主要包括以下 4 种：

（1）在融合中心和局部融合估计器之间进行反馈。通常，中心融合的结果要比局部融合结果更有优势，所以，提出了“中心到局部，局部再到中心”的信息反馈方式。该类反馈模式的优势有：对局部融合的结果有大的改善；对中心融合结果有大的改善；调整局部融合节点的相关参数。文献［7］从理论上证明了由中心到局部的反馈可以在较大的程度上改善局部节点的融合性能。

（2）在单个融合节点间的信息自反馈。文献［8］提出了一种方法，将当前的量测信息进行反馈后得出新的数据信息，再把数据和模型库中的参考模板进行比对，通过优化系统进行演化模型，进而使估计的质量得到较大提高。文献［9］提出了一种反馈式多速率卡尔曼滤波器，即把滤波器的滤波频率根据需求实时调整，在滤波器的精度与能耗之间做出平衡选择。文献［10］提出了一种反馈式平滑滤波框架，其对于加强多目标跟踪领域的航迹关联效果有较多应用。

（3）检测前的跟踪方法研究。对于处理多目标跟踪问题，先要对量测信号做非相干积累处理，其次基于累积量测来完成多目标的检测，最终实现多目标[11]。与传统方法相比，检测前跟踪方法通过利用反馈来处理多个时刻量测信息，使得检测与跟踪的性能得到提升，因此，它在反隐身方面具有一定的优势。

（4）根据融合之后的结果对传感器进行管理与调度。信息融合结果可以作为参考信号反馈给整个信号处理系统的其他部分，如系统前端的传感器等，并通过对传感器的管理和调度来提升整个信号处理系统的性能[12]。对于传感器的管理，是使同类和异类传感器在复杂网络中能够协同工作的效能达到最大化；对于传感器的任务调度，是根据需求对任务进行调度和优化。

2.3　属性级反馈融合

属性级融合即目标识别级融合。目前，目标识别研究基本上是以通用目标识别为主，也就是关于目标分类的问题。

属性级信息融合的结构可以分为数据层融合、特征层融合和决策层融合[13]。数据层融合可以保留大量的现场数据，但其缺点是处理代价太高，需要处理的数据量大，所用时间长，抗干扰性低。在特征层融合中，对采集到的原始数据先做特征提取，进而对特征信息做综合分析。此类方法虽然对信道带宽要求低，但是其准确性也有所下降。决策层的融合是较高层次的融合，其从具体需求出发，可以充分利用各类特征信息，并通过贝叶斯估计、D-S 证据理论等方法输出一个联合决策结果[14]。

属性级反馈融合的应用实例较少，通常情况下，可以利用对前一

次属性融合结果的反馈处理干预单个传感器或融合中心对于属性特征的提取方法，以此实现更为准确的融合处理，如通过反馈实现对属性融合时的权值调整等。

在属性级融合中心，也可采用基于神经网络的方法实现对识别结果的优化，通过判别输入特征信息的属性类别进行目标识别，其本质是进行模式分类。

多传感器信息融合在基于神经网络应用时（图 3），如何选择合适的神经网络模型也需要根据传感器的自身特点及系统来要求。在目标识别过程中，对同一目标，由于采用不同类型的网络模型进行识别，其最终结果可能不同，并具有一定的冗余和互补特征，因而可以采用 D-S 证据推理理论，对识别的结果再次进行融合判决，使整个系统的识别率得到提高。

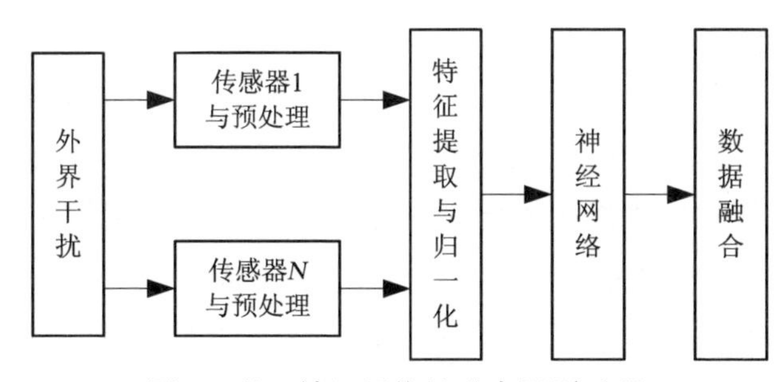

图 3　基于神经网络的融合识别过程

通常，从多传感器系统获得的目标特征是高维数的，其中包含了较多的冗余信息和噪声。为减小获取数据的成本并达到增强目标识别器性能的目的，文献［15］探索了一种基于遗传算法（GA）的多传感器目标识别系统特征优化方法，该方法在将神经网络目标分类器与 GA 相结合的基础上，通过目标识别结果反馈的信息，控制着 GA 的进化方向，进而实现特征优化。

3　结束语

在一些需要进行信息积累、认知和反复利用的场合，由于传统的信息融合框架采用的是单向融合模式，较低的信息利用率限制了最终的融合结果。对于这一问题，学者们从不同角度尝试将反馈思想融入信息融合技术中，在一些实际应用中取得了可观效果。

从总体来说，信息反馈融合从属于信息融合理论的总体框架之下，就目前的研究现状而言，其研究还较为零散，理论、方法研究还未形成一定的体系，在以下几个方面还存在一些问题：

(1) 缺乏对问题的统一模型，反馈式融合的统一技术框架还不够完善；

(2) 信息关联的二义性；

(3) 对于反馈信息的空间和时间属性没有进行区分，因此，结构上比较模糊；

(4) 在对跨层次、跨类型的信息反馈式融合的研究还不够深入和完善，有所欠缺。

从目前已有的反馈式信息处理方法的研究实例中可以看出，对于传统单向融合方法，信息反馈式融合方法具有独特的优势去克服其缺陷，并能够充分挖掘融合系统的潜力，提高融合效果，尤其是反馈式方法的引入，使融合系统在智能信息处理、认知系统的建立等方面具有较大的潜力。对于进一步实现工程上应用更为方便的反馈式信息融合方法，还需要对融合系统的框架、系统的理论方法以及在工程算法等层面具有共性和规律性的问题展开深入研究，特别是结合新兴的应用领域，通过有针对性的研究丰富和完善其体系框架和理论方法。

参考文献

[1] Hall D L, Llinas J. Handbook of multisensor data fusion [M]. New York: CRC Press, 2001.

[2] 何友，彭金宁，陆大金. 多传感器数据融合模型评述. 清华大学学报 [J], 1996, 36 (9).

[3] 王勇，刘文江，胡怀中，等，多传感器检测系统的多步反馈融合算法 [J]. 传感技术学报，2003 (3).

[4] 刘英坤，冯新喜，党宏刚，等. 分布式检测中基于恶劣检测环境的反馈融合算法 [J]. 检测与控制学报，2008，30 (2).

[5] 林岳松，李兆利，钱积新. 多元信息融合中的位置级融合评述 [J]. 电声技术，2002 (12).

[6] 申屠晗. 面向目标跟踪的信息反馈融合方法研究 [D]. 杭州：浙江大学，2014.

[7] 李涛，王宝树，乔向东. 带反馈多传感器分层融合算法性能研究 [J]. 宇航学报，2005，26 (6).

[8] 付铀，牛玉刚. 基于融合反馈式粒子滤波器的多目标跟踪算法 [J]. 华东理工大学学报，2010，36 (2).

[9] Wu Y, Luo X L. A novel calibration approach of soft sensor based on multirate data fusion [J]. Journal of Process Control, 2010, 20 (10).

[10] Battistelli G, Chisici L, Morrocchi S. A feedback approach to multitarget multisensor tracking with application to bearing-only tracking [C]. 13th Conference on Information Fusion, 2010.

[11] Reed I, Gagliardi R, Stotts L. Optical moving target detection with 3-D matched filtering [J]. IEEE Transactions on Aerospace and Electronic Systems, 1988, 24 (4).

[12] Xiong N, Svensson P. Multisensor management for information fusion: issues and approaches [J]. Information Fusion, 2002, 3 (2).

[13] Zink M, Westbrook D, Abdallah S, et al. Meteorological command and control [C]. In Procession of EESR 2005: Workshop on End-to-End, Sense-and-Respond Systems, Applica-tions and Services, 2005.

[14] 李旭军. 多传感器数据融合及其在潜艇目标识别中的应用 [D]. 武汉：武汉理工大学，2006.

[15] 简小刚，贾鸿盛，石来德. 多传感器信息融合技术的研究进展 [J]. 中国工程机械学报，2009，7 (2).

无人机侦察影像去雾处理算法研究综述

李　喆　李建增　张　岩　范　聪

本文针对雾天无人机侦察影像降质严重，影响侦察效果的问题，对图像处理去雾领域的几种主流算法进行了综述。介绍了雾天影像的降质机理，结合无人机侦察的背景对影像特点进行了分析，并分别对基于图像增强和基于物理模型的两大类去雾方法进行了对比分析。对无人机侦察影像去雾处理算法的发展趋势进行了展望。

引　言

随着计算机视觉和人工智能技术的发展，无人机侦察已经成为未来战争获取情报的重要手段，侦察影像的质量将直接影响到战场信息的准确把握和最终决策者的正确判断。然而，无人机在进行侦察时容易受到不良气候条件的干扰，其中具有代表性的就是雾。

雾天环境下，由于空气中悬浮粒子对光线的散射，导致无人机侦察影像出现场景特征信息模糊、对比度低、灰度集中、色彩失真和影像后期处理困难等问题，一定程度上限制了侦察影像的应用价值。如何降低雾天对成像效果的影响就成为无人机侦察影像预处理的关键。因此，对无人机侦察影像去雾算法的研究具有重要意义。

本文对雾天无人机侦察影像的特点进行简要概述，并对近来主流的两类图像去雾处理算法（基于图像增强的去雾算法和基于物理模型的去雾算法）进行了深入研究，针对无人机侦察影像的特点分析了各种算法的性能，最后对无人机侦察影像实时去雾的发展趋势进行了展望。

1　无人机雾天侦察影像特点

可见光影像是无人机侦察中容易获取的一种侦察信息。然而，雾天侦察中所拍摄的影像往往场景细节被削弱，识别度降低，影响无人机侦察效果，甚至会导致侦察情报误判等重大事故。其原因可归结为以下两方面[1]：

（1）空气中浮游的气溶胶粒子影响，部分光在传播过程中会被散射而不能全部进入无人机的可见光传感器中，从而导致侦察信息被削弱。

（2）来自太阳光、地面反射光、大气层反射光等物体的反射光也会因为大气散射混入传感器中。

因此，在实际侦察中需要对采集到的影像进行去雾处理。其根本目的是最大限度地获取侦察影像的有效信息，优化影像视觉效果，方便观察以及提高影像特征识别度。

无人机对战场侦察监控时多进行高空远距离垂直拍摄，导致无人机侦察影像相对于一般研究的雾天影像有自身的特点[2]：

（1）高空垂直向下拍摄，场景中各景物透射率受雾等因素的影响大体相同。

（2）远距离拍摄，雾等因素对成像质量的影响较大。

（3）涉及景象繁杂，有大量湖泊河流、荒地丘陵和浅色建筑等区域，影响去雾效果。

（4）侦察范围广，部分侦察影像中含有大比例不符合暗原色先验的区域。

根据以上特点，需要对现有图像去雾算法进行总结分析，从而找到适合无人机侦察影像的去雾算法。国内外学者研究的算法大体可以分为两大类：基于图像增强的去雾算法和基于物理模型的去雾算法。

2　基于图像增强的去雾算法

图像增强去雾算法[3]是一种根据人类视觉系统的生理特点设计改善雾天图像模糊情况的算法。通过改变图像对比度、亮度的方法突出图像细节特征以达到去雾的目的。此类算法提出时间较早，相对于一些新型的算法来说，体系已比较健全，适用范围广，但是仍存在以下问题：

（1）处理方式本质上是使图像失真，所以，不可避免会出现信息损失的现象。

（2）针对性不强，没有考虑雾天图像的特点，处理效果欠佳。

常用的算法有直方图均衡化算法、视网膜皮层（Retina-cortex theory，Retinex）算法、同态滤波、小波曲波变换等。本节着重介绍比较具有代表性的前两种算法。

2.1　基于直方图均衡化算法

基于直方图均衡化[4]去雾算法针对雾天图像对比度低这一问题，通过变换图像直方图使其同像素周边累积直方图成比例分布，从而使原本狭窄的直方图分布均衡，动态范围扩大，最终达到增加图像对比度和突出图像细节特征的目的。

这种算法对像素分布均匀的图像有很好的增强效果。而在实际拍摄条件下，由于外界环境干扰导致所成图像各处模糊阴暗程度不同，对图像进行整体直方图均衡化处理往往无法达到理想效果。

针对上述问题，Kim[5]和 Stark[6]等人提出将图像分割成子块并对其进行直方图均衡化，使子块中心像素灰度为其均衡化后灰度值，随后对整个图像按此步骤遍历完成局部直方图均衡化。然而，对图像进行遍历的过程计算量过高。因此，Kim 等人[7]又提出了子块部分重叠局部直方图算法，减少遍历过程中子块的重叠程度并将局部子块直方图均衡化结果应用于全子块，达到了同时提高运算速度和效果的目的。

改进后的直方图均衡化算法在单幅无人机雾天模糊影像去雾处理方面效果明显，但是在处理视频影像时由于算法复杂度较高，且内部分块处理也不适合并行运算，无法满足实时去雾需求。

2.2 基于 Retinex 图像增强算法

区别于传统的色彩理论，Land[8,9]提出了一种基于色觉恒常的 Retinex 色彩理论。Retinex 理论主要包含以下内容：

（1）物体的颜色与反射光强度无关，而与物体对长波、中波和短波光线的反射能力有关。

（2）物体的色彩不受光照非均性的影响。

也就是说，Retinex 理论[10]去除了光源强度和光照不均等因素在视觉信息传播过程中的影响，认为待增强的图像是由物体反射图像与入射图像组成的，整体的表达式为

$$I(x, y) = R(x, y) \times L(x, y) \tag{1}$$

在雾天无人机侦察过程中，$I(x, y)$ 代表无人机侦察到的影像信号，$L(x, y)$ 代表环境光的照射分量，$R(x, y)$ 代表含有侦察信息的目标反射光分量。依据这个理论进行计算，求出的 $R(x, y)$ 即为增强后的图像。而在实际的 Retinex 理论应用中，只能从原始影像中估计出

照射分量 $L(x, y)$，并且存在参数调整困难和算法复杂度高等问题。因此，如何近似估计出亮度图像是 Retinex 计算的重点。

比较有代表性的计算 $L(x, y)$ 的方法有 Land[8] 提出的随机路径法，不过该算法实际操作过程中由于计算量大且处理后的图像会出现照度光照不均、曝光过度等情况，所以现已淘汰；Frankle 和 McCann[12] 提出的 McCann's Retinex 算法，采用金字塔下采样迭代遍历像素点领域这一方法，较好地提高了照射度估计的精准性；Land[13] 于 1986 年提出中心/环绕 Retinex 算法引入了权值概念，将像素亮度通过其周围环绕像素的权值进行估计；Jobson 等[14] 改进中心/环绕 Retinex 算法，通过高斯环绕函数赋予权值，提出了经典的单尺度 Retinex 算法（Single Scale Retinex，SSR）。通过扩展模糊过程中模糊尺度的数量，Rahman 等[15] 提出多尺度 Retinex 算法（Multi-scale Retinex，MSR），同时增强了图像细节和颜色保真度。

综上所述，Retinex 算法对由于光照不均而引起的低对比度彩色图像具有很好的增强效果。然而，此类算法在面对无人机侦察这一实际背景时仍存在以下不足：

（1）侦察影像的实时性要求高，而算法在计算 $L(x, y)$ 的过程中由于多次用到高斯模糊，运算量大、运算速度慢。

（2）算法本身可能出现过增强现象，使图像出现噪点，影响侦察效果。

3 基于物理模型的去雾算法

基于物理模型的去雾算法[3] 通过研究雾天图像模糊原理，建立大气散射模型，了解图像退化的物理机理，最后反演复原出降质前的清晰图像。此类去雾算法针对性强、去雾效果好且信息保存完整。但模型参数估计问题复杂，参数设置需要与实际拍摄环境相匹配。

经典的算法有基于景物深度信息的去雾算法和基于先验知识的去雾算法等。

3.1 基于景物深度信息的去雾算法

景物深度信息是基于物理模型去雾的一条重要线索，普通影像去雾过程中如何获取更好、更准确的场景深度信息一直是此类算法的研究重点，其准确性直接影响影像的去雾效果。景物深度信息的获取方法大体可分为假设景物深度信息已知和用辅助信息进行场景深度提取两类。

针对无人机侦察影像这一前提条件，假设景物深度信息已知的去雾算法具有先天的优势。Oakley 等[16]最早提出这一理念，利用雷达和飞行参数估计场景深度信息，通过高斯函数预测场景光路，修正光照获得去雾影像。其不足之处在于景物深度信息的获取与测量过分依赖于外部设备。

3.2 基于先验知识的去雾算法

He 等[17]通过对大量户外无雾影像的统计发现，在绝大多数非天空的局部区域中存在一些像素至少有一个极小的颜色通道值接近零。这个接近零的颜色通道称为暗通道，这个统计规律称为暗通道先验理论，其表达式为

$$J^{\text{dark}}(x) = \min_{y \in \Omega(x)} \left(\min_{c \in \{r, g, b\}} J^c(y) \right) \tag{2}$$

$$J^{\text{dark}}(x) \to 0 \tag{3}$$

式中，J 表示彩色图像，c 表示 J 中的三个彩色通道，$\Omega(x)$ 表示以像素 x 为中心的窗。无人机雾天侦察的成像模型可以描述为

$$I(x) = = J(x)t(x) + A(1 - t(x)) \tag{4}$$

式中，$I(x)$ 表示拍摄到的雾天模糊影像，$J(x)$ 表示复原出的清晰影像，A 表示大气光成分，$t(x)$ 表示折射率。结合上文所掌握的暗通道先验理论计算出复原影像 $J(x)$ 为

$$J(x) = \frac{I(x) - A}{\max(t(x), t_0)} + A \tag{5}$$

由于直接应用暗通道先验理论进行去雾处理有时会存在折射图粗

糙的问题，He 等人又提出了 Soft Matting 算法弥补了这一缺陷，得到了更为精细的折射图。相较于其他去雾算法，基于暗通道先验理论去雾效果明显提高，但不足之处是速度缓慢。为提高运算速度，He[18] 将 Soft Matting 算法替换成引导滤波算法，在去雾效果不变的前提下，速度有了一定提升，但仍然无法适应无人机侦察过程中实时去雾的要求。

4　无人机侦察影像去雾算法研究展望

随着目标自动识别跟踪定位等计算机视觉技术在无人机上的不断应用[19]，未来无人机侦察影像的应用价值将更大。高质量的影像是准确判断目标的前提，侦察效果的好坏间接决定着战争的成败。因此，针对雾天无人机成像质量不高这一突出问题，本文分析了现阶段各种主流的去雾算法，并结合无人机侦察影像自身的特点，对未来无人机侦察影像去雾算法的发展趋势做以下展望：

（1）提高算法的鲁棒性。无人机在高空执行侦察任务，可能会拍摄到各种场景和目标，并且所受噪声种类繁多。目前，图像去雾算法有一定的局限性，不能保证适用于所有图像，且处理品质差别明显。因此，鲁棒性高的去雾算法仍有待进一步研究。

（2）提高算法的实时性。目前的算法运算速度普遍难以满足对影像的实时处理，再考虑到无人机侦察过程中目标定位、识别和跟踪等算法的时耗，这就要求在保证高去雾质量的同时，减少算法运行时间。

（3）提高算法的智能性。由于无人机侦察环境的不确定性和多变性，理想的去雾算法可以根据情况智能地调整各种参数，从而准确高效地完成侦察任务。而现有的算法很多参数需要人工手动调整或凭借经验估计，因此，提高算法的智能性是决定去雾算法应用前景的关键因素。

5　结束语

本文针对无人机侦察过程中经常遇到的雾天成像模糊这一问题，主要做了如下工作：

（1）针对雾天无人机侦察影像降质严重的问题，分析了雾天侦察影像信息损失的影响因素，总结了雾天侦察影像的特点。

（2）对当前使用广泛的图像去雾算法进行了综述，并结合无人机侦察影像的应用背景进行了分析。

（3）结合未来战争中无人机侦察的重要作用和技术要求对未来针对无人机侦察影像的去雾算法发展进行了展望。

参考文献

[1] 禹晶，李大鹏，廖庆敏. 基于物理模型的快速单幅图像去雾方法［J］. 自动化学报，2011，37（2）.

[2] 范郁锋. 无人机遥感图像去雾算法研究［D］. 贵阳：贵州师范大学，2016.

[3] 郭璠，蔡自兴，谢斌. 图像去雾技术研究综述与展望［J］. 计算机应用，2010，30（9）.

[4] 吴迪，朱青松. 图像去雾的最新研究进展［J］. 自动化学报，2015，41（2）.

[5] Kim T K，Paik J K，Kang B S. Contrast enhancement system using spatially adaptive histogram equalization with temporal filtering［J］. IEEE Transactions on Consumer Electronics，1998，44（1）.

[6] Stark J A. Adaptive image contrast enhancement using generalizations of histogram equalization［J］. IEEE Transactions on Image Processing，2000，9（5）.

[7] Kim J Y，Kim L S，Hwang S H. An advanced contrast enhancement using partially overlapped sub-block histogram equalization［J］. IEEE Transactions on Circuits and Systems for Video Technology，2001，11（4）.

[8] Land E H. The Retinex theory of color vision［J］. Scientific America，1977，237（6）.

[9] Land E H. Recent advances in Retinex theory and some implications for cortical computations：color vision and the natural image［J］. Proceedings of the National Academy of Sciences of the United States of America，1983，80（16）.

[10] 李学明. 基于 Retinex 理论的图像增强算法［J］. 计算机应用研究，2005（2）.

[11] 储昭辉，汪荣贵，杨万挺，等. Retinex 算法及其在雾天图像增强中的应用研究［J］. 微计算机信息，2011，27（6）.

[12] B Funt, F Ciurea, J Mc Cann. Retinex in Matlab [C]. Proc. IS&T/SID English Color Imaging Conference, Scottsland, 2000.

[13] Land E H. An alternative technique for the computation of the designator in the Retinex theory of color vision [J]. Proceedings of the National Academy of Sciences of the United States of America, 1986, 83 (10).

[14] Jobson D J, Rahman Z, Woodell G A. Properties and performance of a center/surround Retinex [J]. IEEE Transactions on Image Processing, 1997, 6 (3).

[15] Rahman Z, Jobson D J, Woodell G A. Multi-scale Retinex for color image enhancement [C]. IEEE Proceedings of the 1996 International Conference on Image Processing, 1996.

[16] Oakley J P, Satherley B L. Improving image quality in poor visibility conditions using a physical model for contrast degradation [J]. IEEE Transactions on Image Processing, 1998, 7 (2).

[17] He K M, Sun J, Tang X O. Guided image filtering [C]. Proceedings of the 2010 European Conference on Computer Vision, 2010.

[18] He K, Sun J, Tang X. Single image haze removal using dark channel prior [J]. IEEE Transactions on Pattern Analysis and Machine Intelligence, 2011, 33 (12).

[19] 王嘉栋, 李寒松. 自适应 K-means 图像分割方法 [J]. 导航定位与授时, 2016, 3 (5).

[20] 杨帅, 程红, 李婷, 等. 无人机侦察图像目标定位在军事上的应用研究 [J]. 红外技术, 2016, 38 (6).

顶角切除和角度公差对角反射体雷达散射截面积的影响分析

胡生亮　范学满　张　俊　贺静波

（海军工程大学电子工程学院，武汉　430033）

本文综合利用GO/AP算法和CST仿真软件分析了顶角切除和角度公差对三角形三面角反射体（Triangular Trihedral Corner Reflector，TTCR）单站雷达散射截面积（Radar Cross Section，RCS）的影响。研究了三种顶角切除的样式，理论分析和仿真结果表明，只要将顶角切除的尺寸控制在垂直边长的10%以内，三种切除样式对TTCR的RCS影响将十分有限。在角度公差方面，研究了两侧面同时向内或向外偏离90°的情况，发现要使RCS缩减量不超过 -3 dB，角度公差应控制在0.5°以内。

引　言

三面角反射体是由三个互相垂直的金属平板制成的，当各平板相互正交时，在一个很宽的角域范围内能够产生很强的回波，常被用作回波增强装置和无源对抗器材[1]。其中 TTCR 具有良好的稳定性、更宽的方向覆盖性且节省材料，在无源对抗领域得到广泛应用，是构成其他异型反射体的基本结构[2]，研究其 RCS 特性是精确分析其他更为复杂的异型角反射体的基础。

标准 TTCR 是由三块相同的等腰直角三角形金属平板两两正交构成。在加工过程中，无论是刚性还是柔性角反射体都会不可避免地出现面面夹角偏离 90°的情况，称为角度公差；另外，考虑到便于构成异型角反射体、避免积水、节省材料、减轻重量等多方面因素，往往需要对顶角进行切除。上述两方面因素必将对角反射体的 RCS 产生影响，有必要进行相关研究。文献［3］利用全波数值算法计算了粗糙面对 TT-CR 的单站 RCS 的影响，文献［4］利用 PO 法分析了角度公差和不平整度公差对 TTCR 的单站 RCS 的影响。目前，尚未找到相关文献研究顶角切除对 TTCR 的 RCS 的影响，对角度公差的研究也不够系统、深入。本文旨在通过理论分析和 CST 仿真验证，深入、全面地探讨顶角切除和角度公差对 TTCR 的 RCS 的影响，得出有价值的一般规律，指导角反射体的生产加工和实际应用。

1　顶角切除的影响

选取图 1 所示的垂直边长为 1 m 的标准 TTCR 作为参考目标，直角坐标系 $OXYZ$ 由角反射体顶点 O 和三条交线 OA、OB、OC 构成，后续分析计算均以坐标系 $OXYZ$ 为基准。入射波方向由俯仰角 θ 和方位角 φ 确定，其中 θ 为入射方向与 OZ 轴夹角，φ 为入射方向在 OXY 平面的投影与 OX 轴夹角。取入射波频率为 10 GHz，水平极化方式。

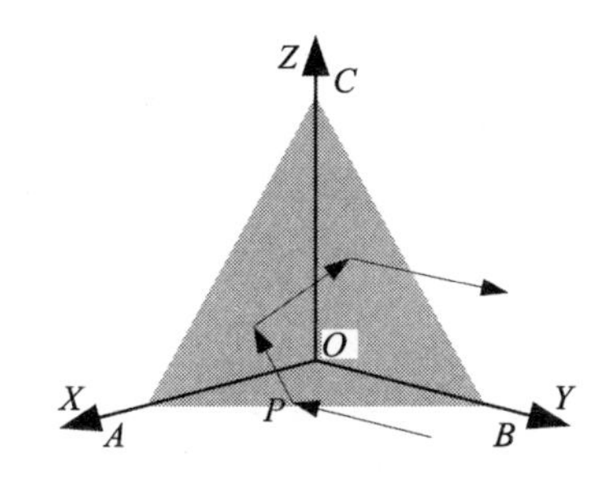

图 1　垂直边长为 1 m 的标准 TTCR

在标准 TTCR（垂直边长为 1 m）的基础上，本文主要研究三种顶角切除情况：①切除顶点 A、B、C 所在的 3 个顶角；② 切除原点 O 所在的 1 个顶角；③ 综合前面两种情况，即同时切除顶点 A、B、C 和原点 O 所在的总共 4 个顶角。情况 ① 是在每个金属平板上对称地切除两个垂直边长为 L 的等腰直角三角形；情况 ② 是在每个金属板靠近原点的一侧切除一个垂直边长为 L 的等腰直角三角形。当 $L = 0.1$ m 时，三种顶角切除情况的示意如图 2 所示。

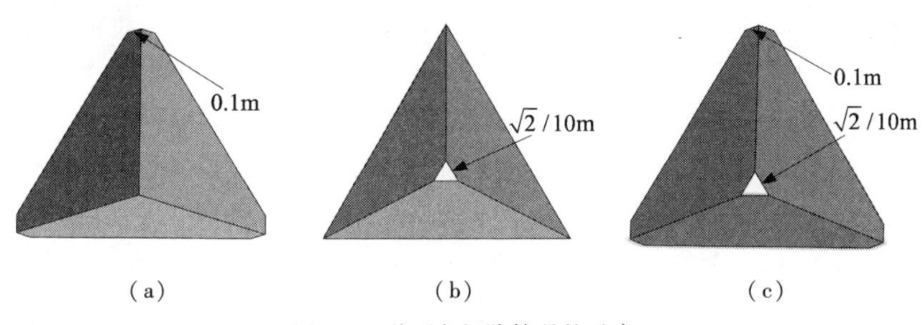

图 2　三种顶角切除情况的示意

（a）情况①；（b）情况②；（c）情况③

1.1　理论分析

GO/AP 法是一种综合利用几何光学（GO）和区域投影（AP）进行电大尺寸目标单站 RCS 预估的高频混合算法。GO/AP 法将角反射体等效为过 TTCR 顶点 O 垂直于入射方向的某一特定大小的“等效孔径”，其面积称为“有效反射面积”，记作 A_{eq}。A_{eq} 可通过区域投影确定：将角反射体投影到过顶点垂直于入射方向的平面上，所得投影称为"实孔径"；在投影面上，将"实孔径"绕顶点旋转180°，得到"虚孔径"；实、虚孔径的重合区域即为 A_{eq}。将 A_{eq} 代入式（1）即可求得角反射体的 RCS[1]。

$$\sigma = 4\pi \cdot A_{eq}^2/\lambda^2 \tag{1}$$

式中，λ 为入射波波长。

借助 A_{eq} 能够十分直观、方便地研究顶角切除对 TTCR 的 RCS 的影响。考虑到顶角切除对 RCS 最大值的影响最为显著，理论研究重点关注这一情况。此处探讨的三种顶角切除方式不会改变角反射体的对称性，RCS 仍在中心轴方向（$\varphi = 45°$，$\theta = 54.75°$）取得最大值。利用 SolidWorks 软件实现"等效孔径"的构建与测量。当电磁波沿中心轴入射时，完整角反射体以及三种顶角切除情况下的"等效孔径"如图 3 所示（切除边长为 $L = 0.1$ m）。

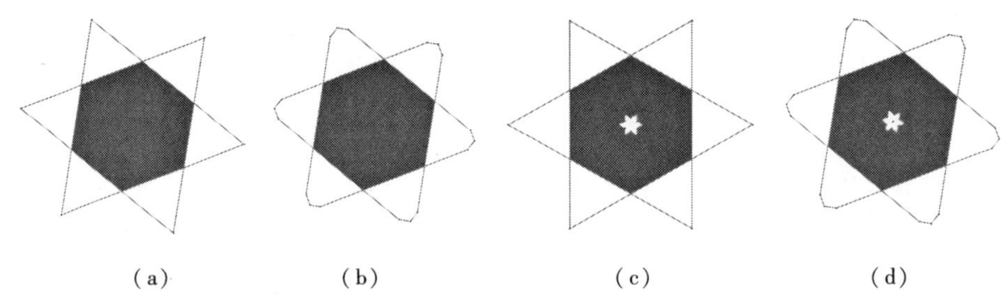

图 3　不同情况下的"等效孔径"示意（$L = 0.1$ m）

（a）完整角反射体；（b）情况①；（c）情况②；（d）情况③

顶角切除尺寸 $L = 0.1$ m 时，由 SolidWorks 测量得：情况①和完整的角反射体的 A_{eq} 均为0.577 4 m²，对应 RCS 约为4 655 m²（36.68 dBsm）；情况②和情况③的 A_{eq} 均为 0.565 8 m²，对应 RCS 约为 4 469 m²（36.50 dBsm）。可见当 $L = 0.1$ m 时，情况①尚未对角反射体 RCS 的最大值构成影响；而只要 $L > 0$，情况②、③均会造成角反射体 RCS 最大值的缩减，当 $L = 0.1$ m 时 RCS 最大值的缩减量约为186 m²（−14 dB）。下面重点分析情况①，寻找情况①开始引起 RCS 最大值减小的临界切除尺寸，最大"等效孔径"随 L 增大的变化情况如图 4 所示。

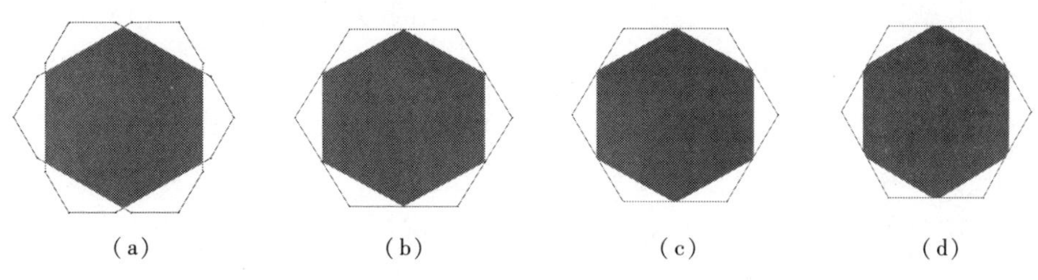

图 4　最大“等效孔径”随顶角切除尺寸的变化情况

(a) L = 0.3 m；(b) L = 0.33 m；(c) L = 0.34 m；(d) L = 0.35 m

图 4 中 4 个切除尺寸对应的 A_{eq} 分别为 0.577 4 m^2、0.577 4 m^2、0.577 1 m^2、0.575 9 m^2，由此可得情况①对应的临界切除尺寸约为 0.33 m，占 TTCR 垂直边长的 33%。为证明该百分比的一般性，对垂直边长为 1.5 m 和 2 m 的角反射体进行分析，得出临界切除尺寸分别约为 0.49 m 和 0.66 m，同样是垂直边长的 33%，从而得出结论：对任意尺寸的 TTCR，只要切除尺寸小于垂直边长的 33%，则不会对 RCS 最大值造成影响。

1.2　CST 仿真分析

为了验证理论分析所得结论的正确性，并进一步研究顶角切除对角反射体其他方向 RCS 的影响，利用 CST 软件[5]基于弹跳射线法（Shooting and Bouncing Ray，SBR）[6]分别对三种顶角切除情况进行仿真分析，对比不同切除尺寸对应的 RCS 曲线，取 $\theta = 54.75°$、$\varphi = -10° \sim 100°$。

1）情况①——切除 3 个顶角

取切除尺寸 L = 0.1 m、0.2 m、0.33 m、0.35 m，分别计算角反射体在角域 $\theta = 54.75° \cap \varphi = -10° \sim 100°$ 内的 RCS，结果如图 5 所示。（注：L = 0 表示完整的 TTCR。）

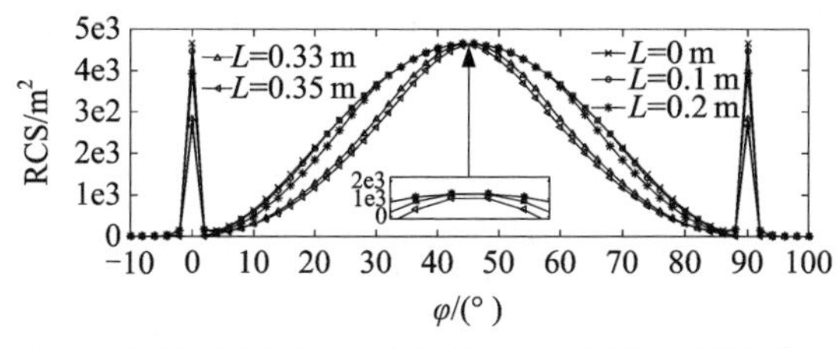

图 5　不同切除尺寸对应的 RCS 曲线（情况①）

可见切除 A、B、C 所在的三个顶角对 RCS 的影响并不显著。当 $L \leqslant 0.2$ m 时，切除三个顶角对 RCS 的影响非常微弱；当 $L > 0.33$ m 时，RCS 最大值才开始变小，验证了 1.1 节理论分析的准确性。综合考虑对其他方向 RCS 的影响，当需要切除或包裹三个顶角时，只要将切除尺寸控制在 0.2 m 以内，对 RCS 造成的影响可忽略不计。

2）情况②——切除 1 个顶角

取切除尺寸 $L = 0$ m、0.1 m、0.15 m、0.2 m、0.3 m，分别计算角反射体在角域 $\theta = 54.75° \cap \varphi = -10° \sim 100°$ 内的 RCS，结果如图 6 所示。

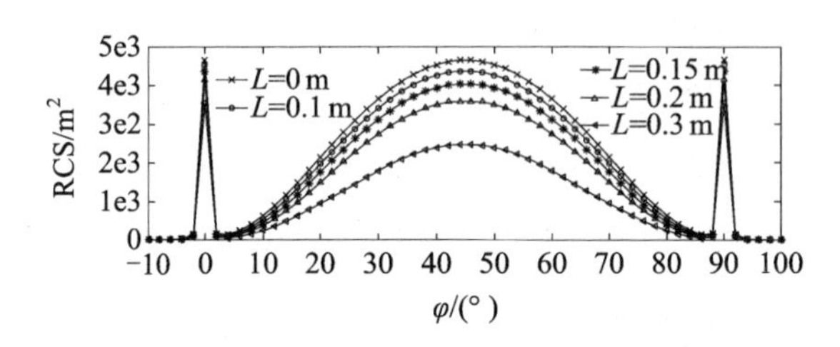

图 6　不同切除尺寸对应的 RCS 曲线（情况②）

当 $L = 0.1$ m 时，RCS 最大值缩减约 300 m^2（约 −11.9 dB），验证了无论顶角切除的尺寸多大，都会对 RCS 构成影响；当 $L = 0.3$ m 时，RCS 最大值已近似缩减为无顶角切除时的 1/2（−3 dB）。为了不对 RCS 构成显著影响，加工时需要将 L 控制在 0.1 m 以内。

3）情况③——切除 4 个顶角

对于情况①和情况②，只要将 L 控制在 0.1 m（垂直边长的 10%）以内，顶角切除对 RCS 的影响均可忽略不计。对于情况③，重点分析切除尺寸为垂直边长的 10% 时，切除 4 个顶角对 RCS 的影响程度。取垂直边长为 1 m、1.5 m 和 2 m 的三个 TTCR，相对应地切除尺寸为 0.1 m、0.15 m 和 0.2 m 的 4 个顶角，所得结果如图 7 所示。

可见，当角反射体垂直边长为 1 m、1.5 m、2 m时，相应切除尺寸为 0.1 m、0.15 m、0.2 m 的 4 个顶角时，RCS 最大值的缩减量只有 −12 dB，且对其他方向的 RCS 影响也较小。

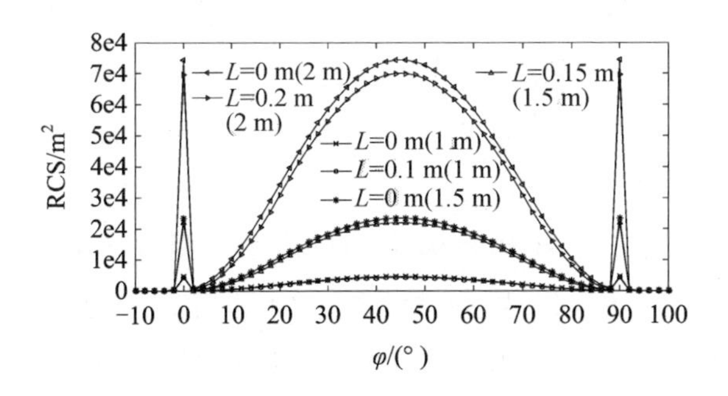

图 7　不同切除尺寸对应的 RCS 曲线（情况③）

2　角度公差的影响

在标准 TTCR 的基础上，研究如图 8 所示的角度公差，即两侧面同时向内或向外偏离 90°的情况，两侧面与底面的夹角相同记为 α，并保持 $OA = OB = 1$ m。取 $\alpha = 89° \sim 91°$（步长 $\Delta = 0.5°$），分别计算角域 $\theta = 45° \cap \varphi = -10° \sim 100°$内的 RCS，结果如图 9 所示。

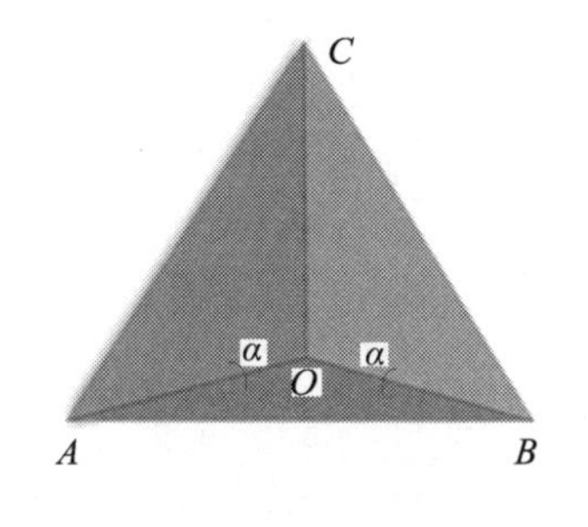

图 8　角度公差示意图

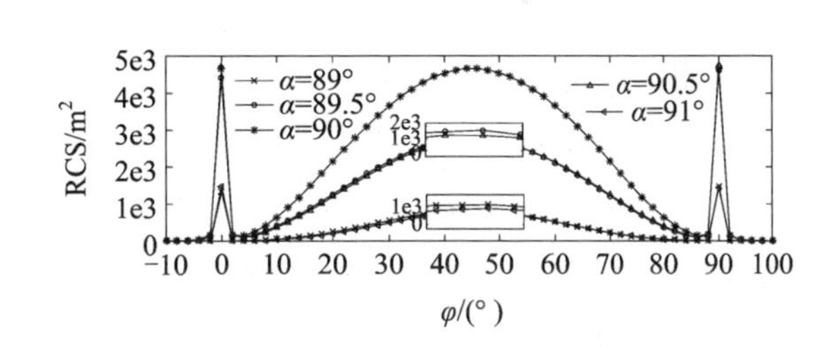

图 9　角度公差对 RCS 的影响

可见角度公差对角反射体的 RCS 影响较大，$\alpha = 89.5°$或 $90.5°$，即两侧面仅向内（外）偏离 0.5°，RCS 最大值减小 1500 m²（约 −2.5 dB）。在实际应用中，通常要求 $\sigma/\sigma_{max} \geqslant 0.59$（即 −3 dB），考虑到其他因素也会造成 RCS 缩减，加工过程中应将角度公差控制在 0.5°以内。

对比 $\alpha = 89.5°$和 $90.5°$的曲线、以及 $\alpha = 89°$和 $91°$的曲线，可以发现偏离的角度相同时，向外偏离造成的 RCS 缩减量大于向内偏离造成的 RCS 缩减量。这就要求加工过程中尽量避免反射面向外偏离 90°。另外，可以看出角度公差会造成边界入射方向（φ =0°或 90°）的 RCS 峰值显著降低，实际应用中可以考虑利用这一特点改善角反射体的方向性。

下面研究角度公差对 RCS 最大值的影响，当 α =80°～100°（步长 Δ =1°）以及 α = 89.5°和 90.5°时，分别计算了角反射体在 θ = 54.75°、φ =45°情况下的 RCS，结果如图 10 所示，进一步验证了角度偏差对 RCS 的显著影响。

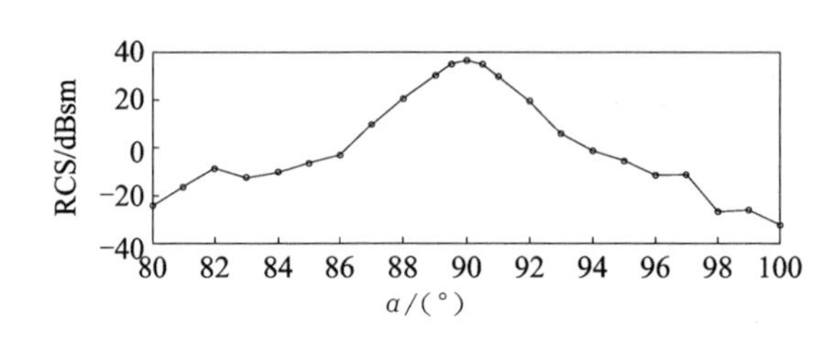

图 10　角度公差对 RCS 最大值的影响

3　结束语

对于顶角切除，当切除尺寸 L 相同时，情况②比情况①对 RCS 影响更为显著；将 L 控制在角反射体垂直边长的 33% 以内，情况①不会对 RCS 最大值产生影响；实际加工过程中无论切除几个顶角，只要将 L 控制在 TTCR 垂直边长的 10%，则对 RCS 的影响将很小。对于角度公差，要使 RCS 缩减量不超过 -3 dB，角度公差应控制在 0.5°以内。总的来说，角度公差对角反射体 RCS 的影响比顶角切除更为显著，需要严格控制。

参考文献

[1] 范学满，胡生亮，贺静波．一种角反射体 RCS 的高频混合预估算法［J］．电波科学学报，2016，4（31）．

[2] 胡生亮，罗亚松，刘忠．海上多角反射体群雷达散射面积的快速预估算法

[J]. 海军工程大学学报, 2012, 24 (4).
[3] 田忠明, 郭琨毅, 盛新庆. 角反射器表面粗糙度对单站 RCS 的影响 [J]. 北京理工大学学报, 2011, 31 (10).
[4] 姜山, 王国栋, 王化深. 三角形三面角反射器加工公差对其单站 RCS 影响研究 [J]. 航空兵器, 2006 (4).
[5] 赵俊娟, 尹京苑, 李成范. 基于 CST 平台的人工角反射器 RCS 模拟 [J]. 微电子学与计算机, 2013, 30 (8).
[6] Baden J M, Tripp V N. Ray reversal in SBR RCS calculation [C] //International Conference on Applied Computational Electromagnetics IEEE, 2015.

天波超视距雷达空海目标探测难点与对策

李居尚

天波超视距雷达通过电离层对高频电磁波的折射和反射，能够探测到视距以外直至几千公里远的区域，实现早期预警。由于电离层和海杂波的非稳定性、复杂性，加上外界干扰和目标自身特性对天波雷达回波质量的影响，给空海目标探测带来了很大困难。本文介绍了天波雷达的特点及探测原理，对天波雷达探测飞机、舰船和弹道导弹等空海目标面临的难点问题进行了详细剖析，针对问题提出了相应的关键技术和解决对策。对于空海目标同时探测的问题进行了讨论，给出了可行的解决思路。

引言

天波超视距雷达工作在 3 ~ 30 MHz 的高频频段，电离层是高频电磁波的传播信道，利用电离层对高频电磁波的折射和反射，可以对视距以外的区域进行远程探测，其主要的探测目标包括舰船、飞机和弹道导弹等目标[1,2]。天波雷达通过电离层对电磁波的“中转”传输，采用下视的方式探测目标，能够有效发现隐身飞机，这是常规微波雷达难以实现的。天波雷达除了在国防领域中担负国土海域的早期预警任务，还能用于获取海洋表面信息，目前装备该雷达的主要有美国、俄罗斯、法国、加拿大、澳大利亚等国家。

在军事应用中，天波雷达的主要任务是进行早期预警，飞机和舰船等空海目标是其主要的探测目标，同时天波雷达也能提早发现弹道导弹目标。然而，电离层作为高频电磁波传播必不可少的媒质，由于其具有时变和不稳定的特性，给空中小型飞行目标和海面舰船目标的检测和识别带来了很大困难，加上强大的海杂波是天波雷达处于对海探测模式时回波的主要背景，严重干扰了天波雷达对舰船等慢速目标的检测。针对这些问题，本文主要分析了天波雷达在探测空海目标时面临的难点和瓶颈问题，并提出了相应的解决方法。

1　天波超视距雷达工作原理

1.1　天波雷达的电磁波传播方式

超视距雷达包括天波超视距雷达和地波超视距雷达，其高频电磁波主要有三种传播方式：地（海）面绕射波传播、天波后向返回散射波传播和大气波导波传播[2,3]。天波雷达采用的是第二种传播方式，即后向返回散射波传播方式。该传播方式的工作原理是：高频电磁波由雷达的发射阵列天线向高空以一定的仰角斜向发射出去后，经过电离层折射反射作用，到达视距以外的地面或海面处，由于地（海）面不是完全平整的，粗糙的地（海）面存在一定起伏并且其电气特性不会保持均匀恒定，这会使得入射的高频电磁波向各个方向散射，其中有些散射电磁波将会沿着与入射时相同的路径（也可能是其他路径）再次经过电离层的折射和反射，被雷达接收阵列天线接收到，这样就完成了对视距以外区域的探测。

下面结合图1所示的电磁波传播过程说明天波雷达的目标探测过程。图1中实线代表发射天线辐射的电磁波经电离层反射后达到目标的路径，虚线表示目标散射的电磁波经电离层反射返回后的路径（两条路径不一定重合）。当探测区域存在飞机、舰船等目标时，由目标散射回来的返回电磁波会被接收机收到，天波雷达的军事任务就是从强大的地（海）杂波和其他干扰中准确识别出飞机、舰船等目标，起到早期预警作用。

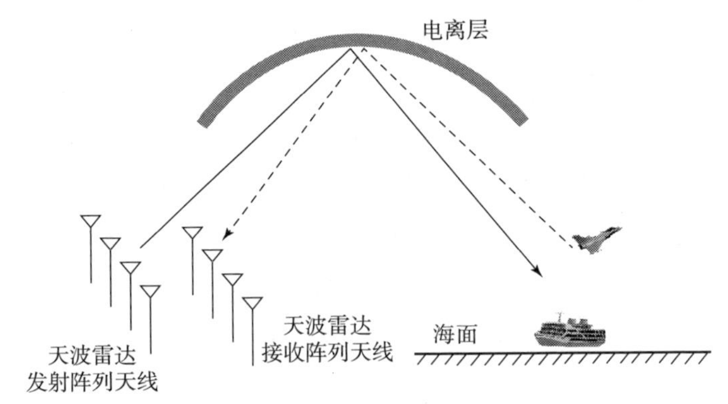

图1　天波雷达电磁波传播过程示意图

1.2　天波雷达的性能[2]

（1）探测距离范围：800～3 500 km。

（2）探测方位扇区：1副天线可以探测60°左右的方位扇区，若采用3副天线进行分方向探测，可对180°的方位区域进行全覆盖搜索。

（3）探测高度：0～300 km。

（4）探测的主要目标：飞机、舰船和弹道导弹等，对低空飞行目标、慢速舰船及其编队具有远距离不间断监测的能力。

（5）测距精度：绝对精度为10～40 km，相对精度为3～5 km。

（6）测角精度：0.3°~1.5°。

（7）分辨能力：距离为4~30 km，方位为0.25°~2°，径向速度为1~10 m/s（空中目标），0.2~1 m/s（海面目标）。

（8）系统时间可用度：1 000~2 200 km距离段在90%以上，其他距离段在70%以上。

2 天波雷达探测目标分类

2.1 空中目标

天波雷达探测的空中目标主要包括飞机、弹道导弹和气球等。表1给出了不同空中目标的速度和高度范围。空中飞行目标的速度比舰船目标快很多，以民用航空飞机为例，其飞行速度范围为70~556 m/s，飞行高度为0.6~15 km，在探测该类飞行目标时，天波雷达工作参数一般设置为[2]：带宽5~20 kHz，信号调制周期10~30 ms。

表1 空中目标速度与高度范围

空中目标类型	速度范围/($km \cdot h^{-1}$)	高度范围/km
民用飞机	250~2 000	0.6~15
军用飞机	400~2 500	0.3~20
直升机	0~500	0.1~10
飘浮气球	0~400	1~35
弹道导弹（主动段）	3 000~16 200	0.1~170

2.2 空中目标

天波雷达探测的海面目标主要指各类舰船目标，表2列出了各类舰船的排水量、船体长度等参数。一般的，舰船的速度较慢，其范围为0~20 m/s，雷达散射截面积（Radar Cross Section，RCS）为20~60 dBm^2，由于舰船速度远远低于飞机速度，其多普勒频率小，在多普勒域进行检测时容易被海杂波遮盖，所以在探测该类目标时，天波雷达的工作参数设置不同于探测飞机时的工作参数，一般为：带宽 20 ~ 160 kHz，信号调制周期 100 ~ 200 ms[2]。

表 2　不同类型舰船的主要参数

舰船类型	排水量/m^3	长度/m
航空母舰	>50 000	320
直升机母舰	20 000 ~ 50 000	270
主力舰	20 000 ~ 50 000	270
巡洋舰	10 000 ~ 20 000	200
巡航舰	3 000 ~ 10 000	150
驱逐舰	1 000 ~ 3 000	100
护卫舰	200 ~ 1 000	50
小艇、快艇	<200	<50

3　天波雷达目标探测难点与对策

3.1　飞机目标探测难点与对策

飞机目标的速度快，根据速度和雷达频率进行计算，其多普勒频率绝对值一般都大于 1.5 Hz，相对于位于 -1 ~ 1 Hz 范围内的海杂波而言，飞机目标和海杂波不会发生重叠。所以，海杂波能量虽然很强，但不会对飞机目标的检测产生影响。影响飞机目标检测的主要因素有飞机飞行姿态和无源、有源干扰。

3.1.1　飞机飞行姿态

小型飞机（如战斗机）由于 RCS 小（一般小于 25 dBm^2）[2]，其飞行姿态对于天波雷达回波谱的质量至关重要。小型飞机目标在高频频段的高端处于谐振散射区，在高频频段的低端则处于瑞利区，所以飞机目标的 RCS 受雷达工作频率的影响较大。即使天波雷达工作在所需的最佳工作频率条件下，目标检测能力也会随着飞机飞行姿态进行改变。当高频电磁波照射到小型飞机上，由于飞机飞行姿态的缘故将会导致飞机 RCS 减小，则在雷达回波频谱中，飞机目标将呈现较弱的能量，容易淹没在噪声和海杂波当中。

针对这个问题，可以采用两种方法改善天波雷达对小型飞机的探测能力：一是改变雷达工作参数，二是增加探测波束的驻留时间。适当改变雷达发射频率、波束的方位角和俯仰角以及电磁波极化方式，可以提高飞机 RCS，弥补飞机某些特殊飞行姿态引起的 RCS 减小的情况。第二种方法是增大雷达波束在探测区域的驻留时间，提高脉冲积累时间，达到提高回波中小型飞机能量的目的。但在探测飞机的情况下，一味地增大波束驻留时间，会降低回波数据率，导致飞机的航迹跟踪不连续，所以驻留时间应该根据具体的实际任务和环境折中考虑。

3.1.2 无源和有源干扰

天波雷达探测目标的背景与常规微波雷达不同，不管在时域、空域还是多普勒域，目标检测的背景环境中都有可能出现自然界无源和有源干扰。自然界中的无源干扰主要是指流星余迹。太空中的陨石等流星体物质在以很快的速度穿过地球大气层的过程中，与大气层发生剧烈碰撞并产生汽化电离作用，结果会产生一条体积很大、能量很强的电离柱，这个电离柱就是流星余迹。当天波雷达的探测区域存在流星余迹时，会在雷达回波中形成瞬态干扰、虚假目标或者能量增强的背景噪声。流星余迹在多普勒域分布很广，所以极易遮盖弱小的飞机目标。

自然界中的有源干扰主要包括无线电噪声和无线电干扰。无线电噪声是由风雪、沙暴和雷电等静电放电、输电线路及工业生产中电气设备产生的噪声。无线电干扰包括非蓄意电台干扰和蓄意人为干扰。非蓄意电台干扰一般采用窄带形式发射，对天波雷达产生带外辐射干扰和电台杂散辐射干扰。蓄意人为干扰一般采用具备一定发射功率的专业干扰机，干扰发射机可在物体上固定放置，也可置于车船和飞机等运动载体上。蓄意人为干扰包括宽带噪声源和窄带干扰源，宽带噪声源覆盖了较广的频域范围，能够遮盖飞机目标，降低回波信噪比；

窄带干扰源根据飞机多普勒频率有针对性地发射干扰电磁波，降低天波雷达对飞机的发现能力。

由于天波雷达是在一定的虚警概率要求下对飞机目标进行检测，若雷达回波中存在有源或无源干扰，则有可能导致飞机目标无法超过检测门限，这样就大大降低了雷达对目标的发现概率。为提高飞机目标的检测概率，必须抑制回波中的有源和无源干扰，该过程一般采用的手段是数字信号处理技术。例如，在对干扰的频率进行准确分析后，应用自适应选频技术[4]，保证接收天线波束主瓣方向没有强的有源干扰进入；针对从接收波束旁瓣进入的有源干扰，可以利用自适应波束成形技术使得接收波束方向图在干扰方向形成凹口，对其进行抑制[5,6]；针对流星余迹一类的强瞬态干扰，结合其在时频域内分布较广的特点，可以采用自适应时域－频域联合抑制技术对其进行抑制[7]；针对干扰能量不集中且分布较广的干扰，可对雷达回波信号在时域进行幅度加权，变换到多普勒域后可以从杂波谱背景中分离出各类飞机目标。

3.2 舰船目标探测难点与对策

相对于飞机来说，舰船的速度慢，其多普勒频率一般不会超过 $-1.5 \sim 1.5$ Hz 的范围[2]，所以从杂波遮蔽的角度考虑，影响舰船目标检测的主要因素是海杂波，高频海洋回波多普勒频谱限制了目标的信杂比（它是海浪高度分布、风向、雷达工作频率和舰船径向速度的函数）。除了受强大海杂波影响外，非稳定的电离层和高等级海态也会给舰船探测带来很大困难，所以相对于飞机目标来说，舰船目标的探测环境更加复杂。

3.2.1 海杂波遮蔽

天波雷达回波中除了有强大的一阶海杂波外，还分布着大量的二阶和高阶海杂波。一阶海杂波具有明显的特点，即在正负多普勒域以两个尖锐的谱峰形式出现，且关于 0 Hz 对称分布。正负一阶海杂波峰的多普勒频率与雷达发射频率相关，其变化规律随着雷达高频电磁波频率的平方根变化，同时海面的风向和风速也会影响正负一阶海杂波的幅值。二阶和高阶海杂波总是围绕在一阶海杂波周围，占据了较大的频谱宽度，呈现出连续谱的特点。针对舰船躲进一阶海杂波从而避免被雷达探测到的情况，天波雷达可以采用改变发射频率的方式进行应对；而当舰船躲进二阶和高阶海杂波时，则无法通过改变雷达工作参数进行应对，另外，二阶和高阶海杂波在多普勒域覆盖的范围很广，给舰船检测带来很大困难。

为减小海杂波对舰船目标的遮蔽，目前主要采用的方法是在接收端采用信号处理技术提高回波谱的分辨率或者是将海杂波抑制掉。因为经过傅里叶变换后的多普勒谱的分辨率基本上和相干积累时间的倒数相等，所以提高回波谱分辨率最直接的方法是增加相干累积时间。但是单纯地增加相干积累时间会带来两个问题：一是天波雷达必须以更长的驻留时间对探测区域进行监视，这就削弱了对多目标的同时探测能力以及对其他区域的重访频率，直接减小了雷达的有效监视范围；二是在长相干累积时间条件下，电离层非稳态变化的概率大大增加，回波谱受电离层影响而导致频谱质量下降。所以，为了提高回波谱的分辨率，常常采用的方法是高分辨率谱估计技术，例如最大熵谱估计法、Burg 谱估计法和 MUSIC 谱估计法等[8]，这些方法采用预测技术对已有的短数据序列进行扩展延长，增加参与频谱分析的数据率，从而提高了频率分辨能力，增强了雷达对舰船目标的检测能力。第二种减小海杂波遮蔽的方法是直接对海杂波进行抑制，基于正、负一阶海杂波峰包络的相关性，将正、负一阶海杂波峰进行对减，可以较好地消除主要杂波，使得位于一阶海杂波峰区域内的舰船目标显现出来；而抑制二阶和高阶海杂波主要采用的手段是特征值分解法和奇异值分解法，利用大的奇异值对应能量较强海杂波的这个特点，将若干个大的奇异值置零，在抑制一阶海杂波的同时能够有效地抑制二阶和高阶海杂波。

3.2.2 非稳定的电离层

造成天波雷达回波谱恶化的另一个重要因素是非稳定的电离层。

雷达要在 -1.5 ~1.5 Hz 的频率范围内，从强大的海杂波中识别出舰船目标本身就有难度，同时由于处于非稳定状态的电离层引起的多径传播和相位路径非线性变化（即相位污染），都将使海杂波多普勒谱展宽，增大了遮蔽海杂波附近的舰船目标的概率，使得多普勒频率的有效检测范围更小。因此，必须在雷达工作时考虑电离层的影响因素，实时消除其影响，保持稳定电离层状态下的海洋回波谱纯净度，尽量将一阶海杂波多普勒谱峰宽度保持在 0.05 Hz 左右。

为消除非稳定电离层对回波谱的影响，可以采用两种方式：第一种是发射信号选频，第二种是采用信号处理手段对接收回波进行去电离层污染处理。通过电离层垂测站监控系统进行发射频率选择，避开扰动程度较大的电离层，选择较为稳定的电离层作为传播信道，通过发射电磁波选频后，可以较大程度地避免非稳定电离层的影响，但同时也改变了天波雷达的有效探测距离，对于一些特定的警戒探测任务可能会降低其目标探测性能。第二种方式是在雷达接收端采用信号处理手段对回波信号进行去电离层扰动处理（也称为电离层污染校正），这种方式的首要前提是需要获取由探测区域返回的单频展宽信号（即标校信号），标校信号中包含了全部的电离层污染信息，直接对标校信号进行分析处理，可以估计出电离层污染，进而对整个回波信号进行去污染处理。获得高质量标校信号的一个方法是在探测区域设定一个高频信号应答器，其信号经电离层折射反射后被雷达接收机接收，从该信号中能够完整地提取出电离层污染，但是受成本花销和国土（海域）限制，不可能在所有探测区域布置应答器，所以该方法的应用范围非常有限。考虑到天波雷达地面、海面回波的不同特性，一个行之有效的方法是采用地杂波或者单侧海杂波作为标校信号，从中估计出电离层污染，然后对整个回波进行校正，常用的估计方法有分段高分辨率谱估计法、相位梯度法和高阶相位多项式拟合法等[9]。

3.2.3 高等级海态

海态主要影响的是二阶和高阶海杂波[10]，海杂波的多普勒谱幅度和宽度与海态级别相关。在 2 ~5 级海态（可视为低等级海态）下，二阶和高阶海杂波多普勒谱比一阶海杂波多普勒谱低 10～40 dB，表现为一片具有多个小尖峰的连续谱；在高等级海态情况下，一阶海杂波变化不大，但二阶和高阶海杂波多普勒谱的能量和所占频域宽度都会明显增加。因此，在高等级海态情况下，海杂波对舰船目标的遮蔽区域更加扩大，降低了天波雷达对舰船目标的检测能力。

高等级海态下的雷达回波属于恶劣环境回波，二阶和高阶海杂波的能量和频带宽度大大增加，针对该种情况可以采用两种方法加以应对：第一种是改变电磁波发射频率，第二种是采用有效的海杂波抑制方法抑制海杂波。首先，利用海杂波多普勒频率和目标多普勒频率随雷达发射频率变化的方式不同，通过改变雷达发射频率，使得已经陷入高强度二阶和高阶海杂波的舰船目标可以脱离出来，达到避开杂波遮蔽的目的。该方法的主要原理是：一阶海杂波多普勒频率定义为 $f_B = \pm 0.102\sqrt{f_0}$，其中 f_0 是雷达发射频率（单位为 MHz），二阶和高阶海杂波多普勒频率定义为 $\sqrt{2}f_B$，$\sqrt{3}f_B$，…，$\sqrt{n}f_B$；运动目标的多普勒频率为 $f_T = 2v/\lambda = 2vf_0/c$，其中 v 是目标运动速度，λ 是发射电磁波波长，c 是光速。由上述公式可以看出，海杂波（包括一阶、二阶和高阶海杂波）的多普勒频率随雷达发射频率呈非线性变化，而运动目标的多普勒频率随雷达发射频率呈线性变化。由此可见，改变雷达发射频率后，原本被强海杂波遮盖的舰船目标是有可能被雷达探测到的。第二种方法是直接对海杂波进行抑制，在高等级海态下，回波在相邻距离（或方位）单元上的多普勒谱呈现缓慢变化，海杂波谱在相邻距离（或方位）单元上具有较强的相关性，相关系数一般在 0.7～0.9[10]，而舰船目标谱与海杂波谱不同，其独立于海杂波，只存在于相邻的 2～3 个距离（或方位）单元。利用海杂波和目标的这个特点，可以求出相邻距离（方位）单元的幅度平均值，这个平均值代表了该距离（方位）段杂波能量的平均特性，若该距离（方位）段的回波谱都减去这一平均值，则海杂波会得到有效抑制，舰船目标将有效凸显出来。

3.3 弹道导弹探测难点与对策

弹道导弹是一种威胁性很高的远程攻击武器，其飞行一般为三个过程：主动段、中段和再入段。为了更充分地做好防御准备，越早发现弹道导弹目标越能提高成功拦截概率，但是常规的地面雷达只能在弹道导弹处于中段和再入段的时候发现目标。天波雷达具有远程预警探测能力，所以使得探测到主动段的弹道导弹目标成为可能，这也是许多国家大力发展天波雷达的一个重要原因。天波雷达检测目标主要是在频域（多普勒域）进行，为了提高信噪比和增大目标的发现概率，需要对多次回波进行相干积累，当目标在相干积累时间内保持匀速慢速运动时，其多普勒峰在频域表现为一个较窄的谱峰，而当目标速度较快或机动性较强时，目标在距离（或多普勒）单元中将发生跨单元徙动，结果将造成目标能量无法有效聚集。处于主动段的弹道导弹与常规的以发动机推动的空气动力飞行器不同，它具有持续时间短(50～150 s)[11]、速度快和机动性强等特点，弹道导弹高机动性的特点使得其不能进行有效的回波相干积累，在频域的窄谱峰将呈现出展宽状态，容易将其误判为突发信号或电离层杂波，不仅造成弹道导弹目标本身很难被检测，同时展宽的谱峰还将遮盖其他能量较弱的目标信号（例如飞机目标）。

针对该问题，考虑弹道导弹自身的特点，其发射时需要燃料助推，可以利用其穿过电离层时尾焰产生的电离层电离扰动进行目标早期探测。根据弹道导弹尾焰的特性，其在高频频段范围内的 RCS 比较大，恰好天波雷达的工作频率处于高频波段，使得其尾焰的 RCS 要比弹体的 RCS 大 1～2 个数量级[2]，所以对尾焰回波的频域特性进行分析成为了探测弹道导弹的一种有效手段。当弹道导弹处于主动段时，其尾焰的回波在多普勒域同样占据一定的多普勒宽度，主要因为导弹喷出的尾焰能量能够对较宽的张角范围进行覆盖，在该张角范围内尾焰中各部分的速度都不尽相同，所以造成尾焰频谱出现一定程度的展宽；另外，尾焰还有一个特点是其频谱总是在 0 Hz 附近。尾焰的这两个特点为天波雷达提供了属于弹道导弹特有的识别特征，中国电波传播研究所的实验[2]也证实了尾焰具有以上两个特点。同时需要指出，由于尾焰和弹体回波谱均有展宽，如何准确测量弹道导弹速度以及对其进行准确定位，还需要大量的研究工作。

3.4 空海目标同时探测的难点与对策

探测飞机和舰船是天波雷达最主要的任务，特别在探测编组航母群目标时，希望能够在一个波束覆盖区域内，同时对飞机和舰船进行探测与识别。如果雷达采用相同的工作参数同时用于空海目标探测时，会产生许多问题。首先，天波雷达对飞机目标的相干积累时间较短，一般为1～15 s，而对舰船目标的相干积累时间较长，一般为20～60 s，要解决同时探测两类目标，需要适当的工作参数。其次，飞机和舰船的速度不同，目标检测背景也不同，例如飞机一般在噪声背景中检测，而舰船一般在海杂波背景中检测，所以对目标检测设备和技术提出了更高的要求。

针对空海目标相干积累时间存在矛盾的问题，可以采用折中的相干积累时间，例如选择为15～25 s，这样的相干积累时间对于飞机目标来说是很长的，需要对飞机加速度进行补偿，另外，较长的相干积累时间会使得回波信号遭受电离层污染，可以采用3.2.2节所述的方法消除电离层污染的影响；15～25 s的相干积累时间对于舰船目标来说又比较短，降低了回波谱的分辨率，为了提高多普勒谱分辨率，可以采用超分辨率谱估计方法对回波谱进行分析，提高舰船的发现概率。为解决空海目标检测背景差异的问题，可以采用两台信号处理机对回波信号进行处理，一台用于处理空中目标，另一台用于处理海面目标，这种方式可以较好地同时识别出飞机和舰船目标，但是增大了设备花销。实际上，利用空海目标速度不同的特点，在不同的多普勒区域内采用相应的目标检测方式可以较理想地识别出飞机和舰船目标。例如，在－1.5～1.5 Hz内采用海杂波抑制方法检测舰船目标，此时将－1.5～1.5 Hz之外的数据均看作噪声；采用滤波技术去除－1.5～1.5 Hz（海杂波区域）外的噪声基底，能够较好地检测出飞机目标，此时认为飞机目标不可能落入海杂波区域内。

4 结束语

天波雷达作为远程警戒雷达，在国土防御中发挥着重要作用。由于其特殊的工作体制和复杂多变的传播环境，使得天波雷达在探测空海目标时存在许多问题。本文从飞机目标探测、舰船目标探测、弹道导弹目标探测和空海目标同时探测等方面分析了实际中存在的难点问题，并针对各个问题给出了相应的对策方法。实际上，天波雷达在探测空海目标时面临的每个困难问题都需要较复杂的信号处理技术手段加以解决，本文的目的在于给出一些可行的技术思路，为技术研究与工程应用提供一些有意义的参考。

参考文献

[1] 周万幸. 天波超视距雷达发展综述 [J]. 电子学报, 2011, 39 (6).

[2] 周文瑜, 焦培南. 超视距雷达技术 [M]. 北京: 电子工业出版社, 2008.

[3] 严韬, 陈建文, 罗欢, 等. 新体制天波超视距雷达技术述评 [J]. 飞航导弹, 2015 (3).

[4] Su H T , Liu H, Shui P, et al. Adaptive HF interference cancellation for sky wave over - the - horizon radar [J]. Electronics Letters, 2011, 47 (1).

[5] 罗欢, 陈建文, 鲍拯. 一种天波雷达多径扩展多普勒杂波抑制方法 [J]. 电子与信息学报, 2014, 36 (11).

[6] Fabrizio G A, Gershman A B, Turley M D. Robust adaptive beam forming for HF surface wave over - the - horizon radar [J]. IEEE Trans. Aerosp. Electron. Syst., 2004, 40 (2).

[7] Guo X, Sun H, Yeo T S. Transient interference excision in over - the - horizon radar using adaptive time - frequency analysis [J]. IEEE Transactions on Geoscience and Remote Sensing, 2005, 43 (4).

[8] Vizinho A, Wyatt L R. Evaluation of the use of the modified - covariance method in HF radar ocean measurement [J]. IEEE Journal of Oceanic Engineering, 2001, 26 (4).

[9] 罗欢, 陈建文. 天波超视距雷达电离层相位污染校正典型方法综合性能评估[J]. 宇航学报, 2013, 34 (2).
[10] 贠国飞. 高频雷达舰船检测方法研究 [D]. 西安: 西安电子科技大学, 2010.
[11] 王森, 杨建军. 战术弹道导弹助推段拦截方法研究 [J]. 飞航导弹, 2009 (5).

基于情报融合的雷达毁伤效果评估

曲婉嘉　王鸿超　徐忠林　刘　颖

本文针对雷达毁伤评估问题，提出了一种基于情报融合的毁伤评估方法；将电子情报引入传统基于图像的毁伤评估方法之中，全面考虑了雷达的图像毁伤量和电子信号毁伤量，从而提高了毁伤评估结果的可靠性。同时，提出了一种基于PAC－SOM的图像变化检测方法，利用图像融合与聚类算法的优势，提高了变化检测的精度。通过仿真实验，验证了本文方法的可行性与有效性，为电磁目标毁伤评估提供了一种新方法。

引言

雷达作为空天侦察的“眼睛”，具有获取空中目标的情报信息，发现、识别、追踪空中目标并能确定其坐标位置和运动轨迹的功能，通常是最先遭受打击的目标。战时迅速查明雷达遭受打击的效果，做出准确的毁伤效果评估，能够快速为指挥机构提供火力调整、展开后续打击的依据，对夺取战争胜利具有至关重要的意义。

目前，现有的毁伤评估方法主要分为两种：基于航空/航天侦察图像变化检测法和基于战斗部威力/目标易损性分析方法（V/L）。对于前种方法，Beril[1]等人提出了一种通过对单一时相图像的解译来判定目标毁伤程度的方法，可以对损伤目标进行粗略评估；Vijayaraj 等人[2,3]发展了基于变化检测的目标毁伤评估方法，该方法能滤除图像中的一些虚假信息，从而提高打击效果评估的准确性；苗启广等人[4]利用模糊综合评判法，将图像特征作为评估准则实现了对机场打击效果的量化评估。虽然国内外专家学者对基于图像的毁伤评估进行了大量研究，但仍存在图像辐射失真、几何形变等问题，使评估结果精度降低；同时，该方法只针对目标的物理毁伤评估，割裂了物理毁伤与功能毁伤之间的联系，使评估结果不够全面。对于第二种方法，Chien H. Tang[5]通过构建雷达性能评估模型，实现了对雷达天线的结构形变和损伤情况的评估；DONG 等[6]提出了反射面天线打洞模型及其在冲击波形变效应和破片打洞效应影响下辐射场的计算方法，为评估雷达天线的冲击波毁伤效应提供了重要的理论数据；吴正龙等[7]利用模糊神经网络方法，建立了射击毁伤评估模型，实现了对不同目标自适应毁伤评估。但 V/L 方法建模过程需要将多学科、多领域的知识进行抽象、归纳，对评估者提出了较高要求。

针对以上分析，结合雷达功能的特殊性，利用传统方法从图像或雷达易损性上判断雷达的毁伤是不够全面的，必须要综合考虑雷达的图像毁伤量、电子毁伤量以及功能毁伤情况。因此，本文利用情报融合的方法综合评估目标的毁伤程度。文章第一部分论述了基于 PAC –

SOM 算法的图像毁伤区域变化检测；第二部分论述了基于 WVD 算法的电子信号检测；第三部分提出了基于情报融合的毁伤评估方法，并通过仿真实验验证了方法的有效性。

1　基于 PAC－SOM 的图像毁伤区域变化检测

遥感图像变化检测是指对比不同时期的遥感影像，定量分析和确定目标变化特征的过程。利用图像变化检测方法进行毁伤评估时，需要重点关注毁伤区域的提取。对比打击前后目标的遥感影像，分析火力打击对目标的破坏痕迹，提取出图像的变化参量，为判明目标毁伤效果提供依据。利用图像变化检测进行毁伤评估时，毁伤区域的提取是关键，因而，选取恰当的变化检测算法尤为重要。

目前常用的图像变化检测方法可分为 3 类：数值运算方法、基于图像变换的检测方法以及基于结构特征分析的检测方法。其中，数值运算方法包括差值法、比值法、图像回归等；其运算简单、检测速度快，但受到配准精度、噪声等因素影响，降低了检测结果的可靠性。基于图像变换的检测方法通常包括典型相关分析法、正交变换法（PAC）、变化向量分析法等，此类方法通过降低数据间的冗余性，增强了变化信息，减少了噪声影响；但此类方法对图像质量要求较高，且细节信息会有部分流失。第三类基于结构特征分析的变化检测方法通常包括语义描述、空间纹理、模型结构等，此类方法在高分辨率图像和知识结合方面具有较大优势，但不便于进行目标特征的提取与分析，降低了变化检测的能力。

基于此，本文提出了一种基于 PAC－SOM 的变化检测方法。首先，通过不同数值运算法得到两时相遥感影像的差异图；通过小波变换将多幅差异图融合，形成融合差异图；再将融合差异图分块，并利用主成分分析法（PAC）求出每块图像所对应矩阵的正交特征向量，通过映射的方式构建融合差异图的特征空间矩阵。最后，利用自组织映射算法（SOM）将特征空间矩阵聚为变化和非变化两类，从而检测出变化部分。

1.1　PAC－SOM 变化检测算法

通过航空侦察，获得不同时相的遥感影像 P_1 和 P_2。变化检测前需要对原始图像进行预处理，包括几何校正与配准、辐射校正、滤波等，从而减少无关信息给变化检测精度带来的影响。PAC－SOM 变化检测算法流程如图 1 所示，算法步骤如下：

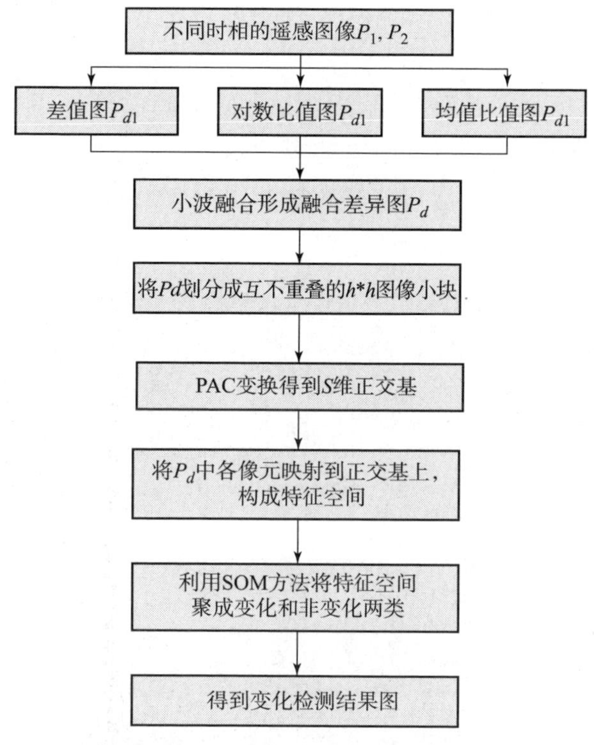

图 1　PAC－SOM 变化检测算法流程

（1）差异图的融合。运用直接差值法、对数比值法、均值比值法获得两幅图像的差异图。利用小波变换将三种差异图融合，形成融合差异图 P_d[7]。

（2）特征矩阵的构造。首先，将 P_d 分割成互不重叠的 m 个小块，每块大小均为 $h \times h$。然后，利用 PAC 法求出每块图像所对应矩阵的正交特征向量，取前 S 个正交特征向量组成一组正交基，其中 $S \leqslant h^2$。将 P_d 中每个像元所在的邻域映射到 S 维正交基上，从而用 S 维特征向量来表示每个像元，整幅差异图 P_d 就可以构成一个特征空间矩阵[7]。

（3）利用 SOM 算法将特征空间矩阵聚为变化和非变化两类，从而得到最终的变化区域[8]。

1.2 仿真实验与分析

为了验证本文方法的有效性，将本文方法的实验结果与直接差值法、对数比值法、均值比值法、主成分分析法的实验结果相对比。选取误检数、漏检数、正确检测率作为变化检测的评价指标。图 2（a）为某时刻获得的国外某雷达站遥感影像图，图 2（b）为下一时刻的遥感影像，两图像均已经过预处理并配准，图像大小均为 947 像素 ×489 像素，图 2（c）为变化参考图。

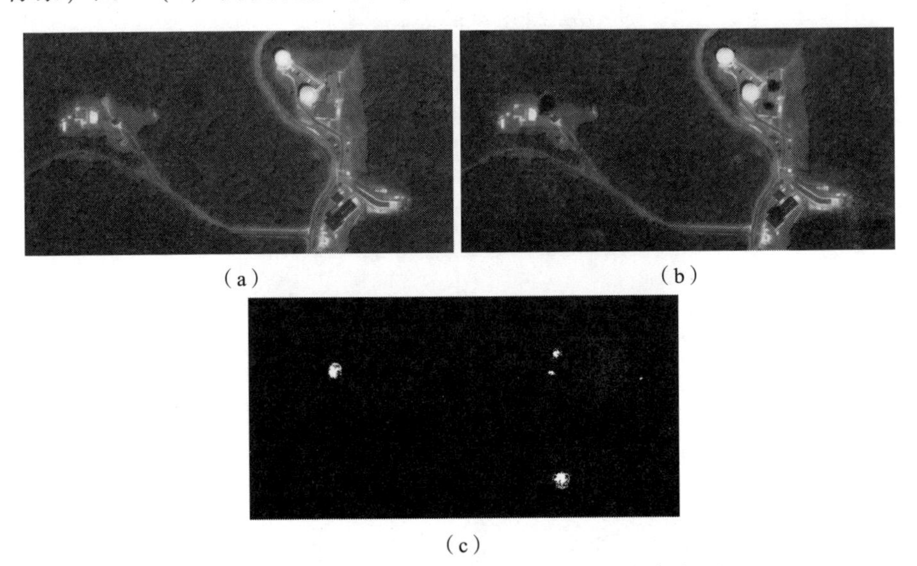

图 2　某雷达站打击前后遥感影像与变化参考图

（a）某雷达站的遥感影像；（b）打击后雷达站遥感影像；（c）变化参考图

图 3（a）、（b）、（c）、（d）、（e）分别表示利用直接差值法、对数比值法、均值比值法、主成分分析法以及本文方法得到的变化检测结果，本文方法中参数 $h=3$，$S=3$。5 种方法的变化检测评价指标如表 1 所示。

从实验结果来看，图 3（a）、（c）中背景信息较多，说明算法的抗噪能力较弱，无法滤除无关信息带来的影响；图 3（b）的杂点较多，误检严重；图 3（d）虽然能够滤除背景信息，但由于主成分分析法只考虑了主分量的变化，造成漏检数较多。通过实验可知，单一类型的变化检测算法精确度不够理想，而本文方法结合了图像融合和聚类方法的优点，在滤除噪声的同时能有效地检测出变化区域，减少了漏检和误检的数量，提高了变化检测的准确度。

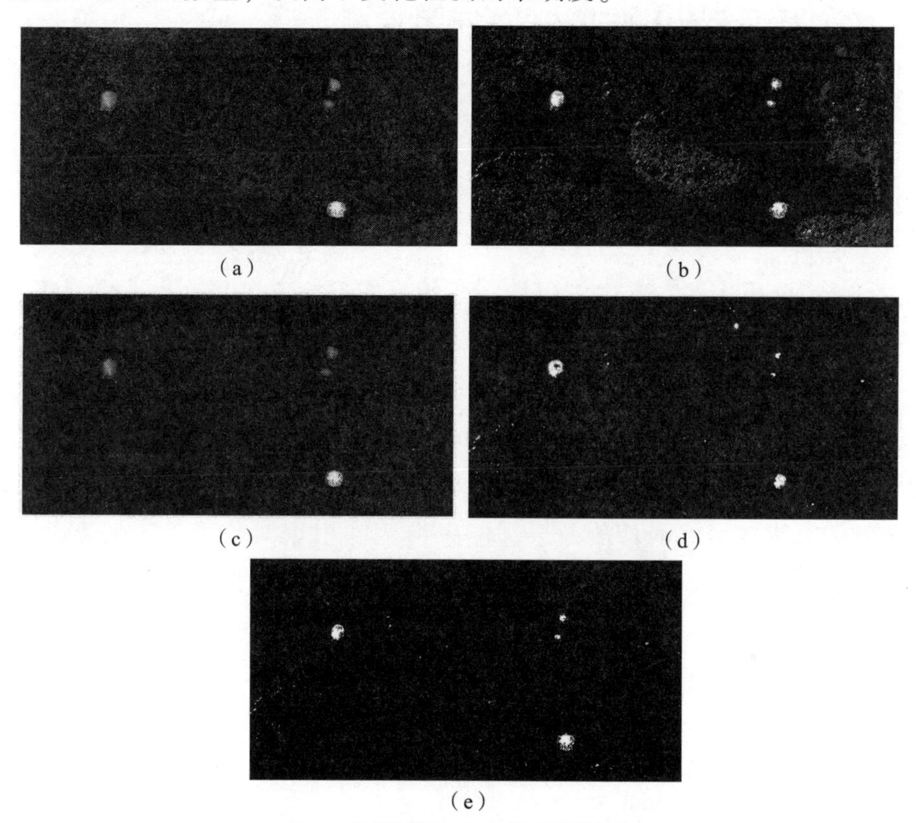

图 3　不同算法的变化检测结果

（a）差值法；（b）对数比值法；（c）均值比值法；（d）主成分分析法；（e）本文方法

表 1　5 种方法的变化检测评价指标统计

方法	误检数	漏检数	正确检测率
差值法	367	64	68.3%
对数比值法	523	23	59.9%
均值比值法	253	43	78.2%
主成分分析法	37	286	76.3%
本文方法	74	34	92.1%

由变化检测结果可知，雷达站原有3部雷达，打击后1部雷达被命中摧毁，另外2部完好；同时一些保障建筑物也有不同程度的损伤。

2　基于WVD的雷达电子信号检测

2.1　常用的雷达信号检测方法

目前，为了有效对雷达信号进行截获处理，国内外学者提出了一些检测处理算法，大致可分为能量检测法、循环平稳分析法、高阶统计量分析法、时频分析法等，其中应用最广泛的是能量检测法和时频域检测法。

1）能量检测法

能量检测法是一种应用最广的非线性检测算法。它是根据信号与噪声的功率之和大于噪声信号的功率这一事实，来对信号的存在性进行判断。在没有信号的先验知识且背景为高斯噪声的情况下，能量检测法可以达到很好的检测效果。能量检测法根据对信号处理的方法不同可以分为时域检测法和频域检测法。以线性调频信号为例给出了信号和噪声在时频域的特性，根据该特性可完成对雷达信号的检测，检测结果如图4所示。

2）时频域检测法

利用信号的时频特性进行信号检测是目前应用较广的一种雷达信号检测方法。时频域检测法反映了信号时间和频率的联合分布特征，可以用来对平稳信号和非平稳信号进行分析，它是由对传统傅里叶变换推广而得，信号的频率随时间的变化特性能够得到准确的反映。目前常用的时频分析方法主要分为线性时频变换和非线性时频变换。线性类主要为短时傅里叶变换（STFT），非线性类主要为维格纳分布（WVD）。

短时傅里叶变换（STFT）是对信号进行频域分析的基本工具，但是傅里叶变换只给出了信号的整体的频率特性，不能反映信号频率的时变特性。为了处理时域和频域的局部化矛盾，提出了“时域局部化方法”。其中比较典型的就是Gabor提出的短时傅里叶分析方法，其基本思想是：在对信号进行傅里叶变换前乘上一个时间窗函数，并假设

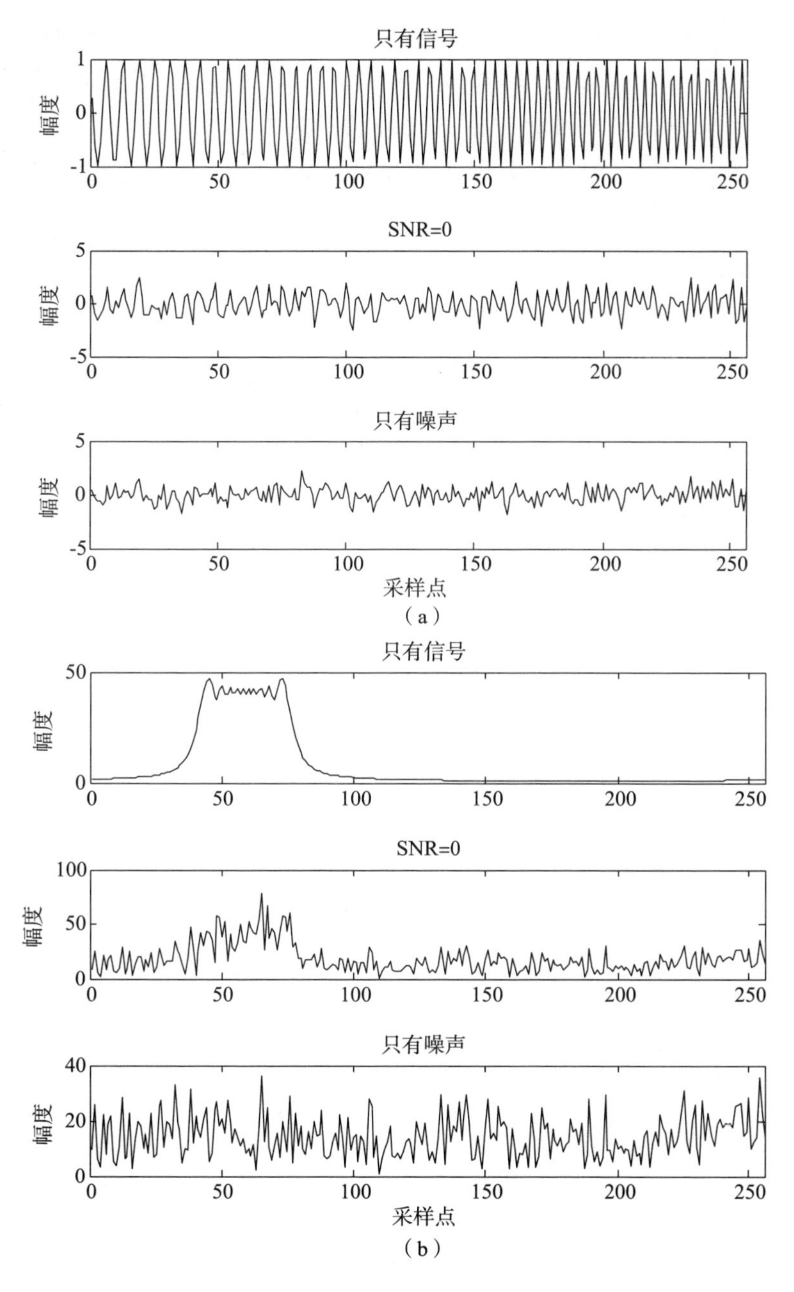

图 4　信号时、频域特性

(a) 时域特性;(b) 频域特性

信号在时间窗内是平稳的，通过使窗函数在时间轴上移动从而使信号逐段进入被分析，从而得到信号的一组“局部频谱”，从不同时刻反映出了信号“局部”频谱的特点，便得到了信号的时变特征。

从本质上说，短时傅里叶变换是线性时频表示，不能描述信号的瞬时功率谱密度。这时需要采用二次型时频表示来更加直观地对信号进行表示。维格纳分布（WVD）是分析非平稳信号的重要规矩，在一定程度上解决了短时傅里叶变换存在的问题。WVD 分布具有明确的物理意义，可以看作信号能量在时域和频域中的分布。WVD 具有较好的时频聚集性和时频分辨率，但当处理多分量信号时存在严重的交叉项。STFT 虽不存在交叉项的困扰，但其时频分辨力远远不及 WVD。图 5 分别给出了线性调频（LFM）的 STFT 和 WVD 仿真图。

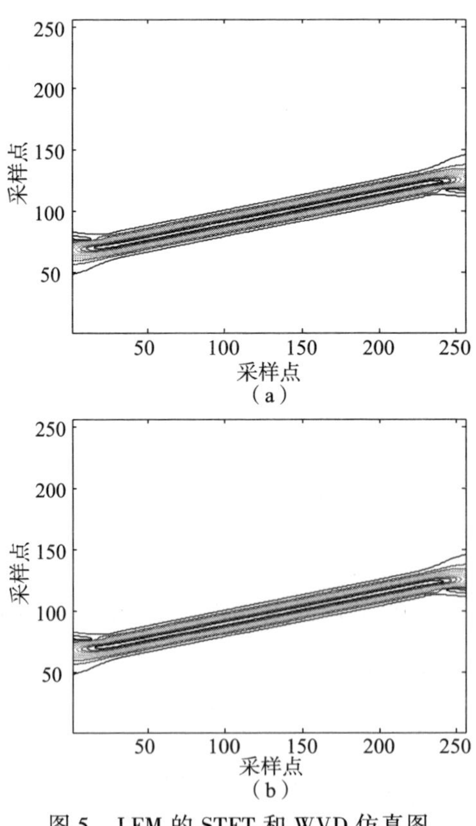

图 5　LFM 的 STFT 和 WVD 仿真图

（a）STFT；（b）WVD

2.2 信号检测方法检测性能对比

为了对比以上几种检测方法对雷达信号的检测效果，以 LFM 信号为例进行仿真实验，设采样点数为 256，信号的归一化起始频率为 0.15，归一化截止频率为 0.35。设虚警概率 $p_{fa}=0.05$，信噪比范围为 $-10\sim5$ dB，每个信噪比条件下进行 500 次蒙特卡洛仿真实验，得到仿真实验结果如图 6 所示。

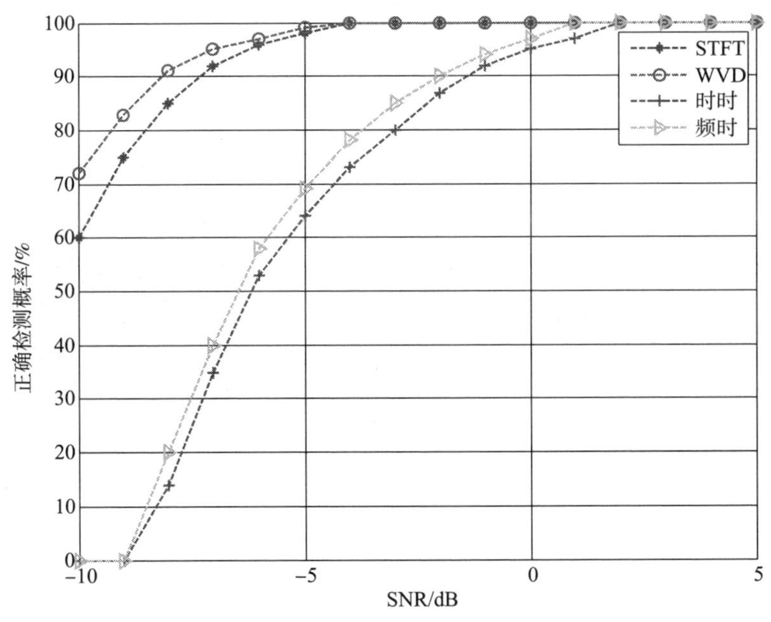

图 6　$p_{fa}=0.05$ 时得到的 ROC 曲线

由图 6 可知，在相同条件下利用 WVD 来进行信号检测在信噪比为 -8 dB 的条件下检测概率即达到了 90% 以上，明显高于其他检测方法，因此本文采用 WVD 方法对雷达信号进行检测。

2.3 基于电子信号检测的雷达毁伤效果评估分析

对于雷达等电磁目标，传统的毁伤评估是基于图像变化检测的方法，当打击前后图像变化量超过某一阈值即可判定毁伤，而变化程度较小甚至无明显图像变化量时则认为未毁伤。对于电磁目标，图像方法存在着一定的局限性，如当雷达天线馈源、发射机等要害部件损伤时，雷达不能正常工作，然而这些变化均无法在图像上直接得到，此时就需要结合电磁信号的变化情况来判定雷达的毁伤情况，从而得到较为全面的毁伤评估结果。

对于雷达信号探测能力影响的因素主要有两个：一是电子信号的能量（功率），二是电子信号的频率。当机载侦察截获接收机能够正常接收到电子信号且雷达频率在正常工作频率范围内，可认为雷达完好，可继续执行任务；当侦收不到雷达信号时，可以认为该雷达已毁伤；当能接收到电子信号但雷达频率发生较大变化，并超过了雷达接收机的正常工作带宽时，可认为雷达已毁伤。根据上述三种情况，仿真模拟雷达信号的变化结果如图 7 所示。

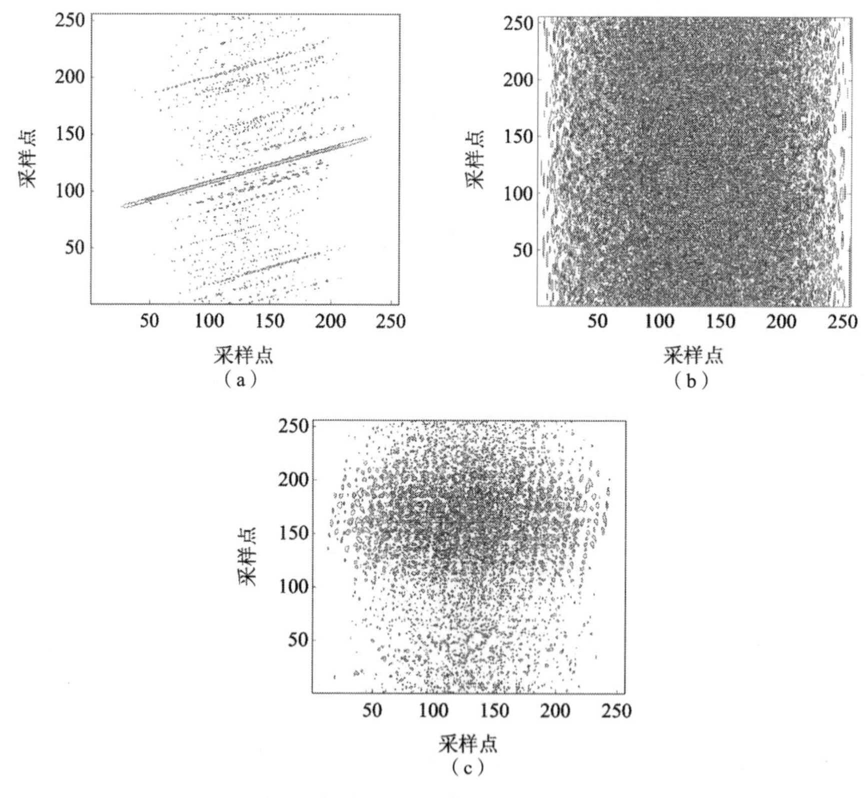

图 7　打击后雷达信号仿真模拟图

(a) 信号正常；(b) 无信号；(c) 频率失谐

3　基于情报融合的雷达毁伤效果评估

雷达能够利用无线电磁波发现目标并测定它们的空间位置，属于典型的电磁目标。由于雷达功能的特殊性，打击后其变化不仅体现在遥感影像上，也体现在电子信号参数的变化上，因此，本文提出了一种基于情报融合的雷达毁伤评估方法，将图像、电子、专家评判等多源情报相结合，使不同类型情报之间相互印证，互为辅助，进而全面准确地评判雷达的毁伤程度。首先，通过遥感影像的变化检测确定雷达的图像毁伤量；其次，通过雷达电子信号检测确定电子信号毁伤量；最后，利用结构熵权法得到图像情报与电子情报在雷达毁伤评估中的权重，采用线性加权的融合策略将图像情报与电子情报相融合，综合评判雷达的毁伤程度。基于情报融合的雷达目标毁伤评估流程如图 8 所示。

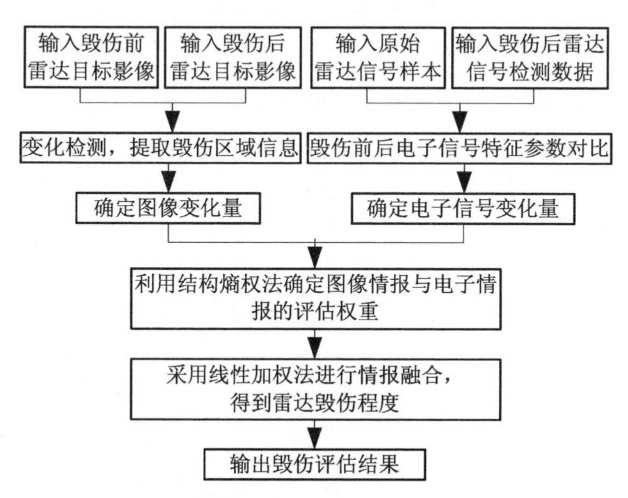

图 8　基于情报融合的雷达目标毁伤评估流程

3.1　图像毁伤量的计算

雷达属于点密集型目标，雷达天线是雷达的要害部位，天线损毁就意味着雷达功能的丧失，一般雷达天线只有摧毁和完好两种状态，并无中间值。由于天线为金属材质，其易损程度极高，可以认定，只要毁伤区域出现在天线区域即可判定该雷达天线摧毁。本文选取相对毁伤个数作为雷达的图像毁伤评估指标，通过打击前的遥感影像可以得到雷达天线的总个数，通过打击后的遥感影像和变化检测结果可以得到毁伤天线的个数。则雷达图像毁伤量的计算方法如下[10]：

$$D_{\text{image}} = n/N \tag{1}$$

式中，D_{image}表示雷达的图像毁伤量，n 表示毁伤天线的个数，N 表示雷达天线的总个数。

3.2 电子信号毁伤量的计算

通过“指纹分析”方法判定雷达电子信号的毁伤量 D_{electric}。“指纹分析”是指利用电磁目标所固有的特征参数将之与其他电磁目标区别开来的方法，可以用来检验侦测的电子信号是否由原目标发射。利用该方法可以发现电子信号参数的微小变化，从而将不同的电子信号区分开来。若打击后检测不到雷达信号或检测到的雷达信号与原信号相似性较低，则可判定该雷达已被毁伤；若检测到的信号与原信号相似，则可判定雷达完好。雷达电子信号毁伤量的计算方法如下：

$$D_{\text{electric}} = 1 - m/M \tag{2}$$

式中，D_{electric}表示雷达的电子信号毁伤量，m 表示信号相似的雷达个数，M 表示雷达的总个数。

3.3 基于结构熵权法的权重值确定

利用结构熵权法[9]确定图像情报与电子情报在情报融合中各占的权重，其方法步骤如下：

（1）构造评价矩阵。通过咨询 m 位雷达领域专家，得到每位专家对图像情报 T_1 和电子情报 T_2 在毁伤评估中的重要程度的评价，形成评价矩阵 A，其中，$A = a_{ij}$，$i = 1, 2, \cdots, m$；$j = 1, 2$；a_{ij}表示第 i 位专家对 T_j的评价参数。

（2）构建专家评价参数的隶属度矩阵。通过信息熵函数计算评价矩阵 A 中各元素的隶属度。其中，信息熵函数 $F(x)$ 可以表示为

$$F(x) = -\frac{(\delta - x)/\ln(\delta - x)}{(\delta - 1)/\ln(\delta - 1)} + \frac{(\delta - x)}{(\delta - 1)} \tag{3}$$

式中，x 表示专家对各指标评估的排序数，δ 表示转化常数，一般取 $\delta = j+2$，则 x 所对应的隶属度函数 $D(x)$ 可以表示为

$$D(x) = 1 - F(x) / \left(\frac{\delta - x}{\delta - 1}\right) \tag{4}$$

构造隶属度矩阵 D：

$$D^{\mathrm{T}} = \begin{bmatrix} d_{11} & \cdots & d_{i1} & \cdots & d_{m1} \\ d_{12} & \cdots & d_{i2} & \cdots & d_{m2} \end{bmatrix} \tag{5}$$

式中，d_{ij}表示第 i 位专家对第 j 个指标评估的隶属度值。

（3）优化认识度，减少由人主观不确定性带来的误差。

首先计算 m 位专家对 T_j的平均认识度 d_j：

$$d_j = (d_{1j} + d_{2j} + \cdots + d_{mj}) / m \tag{6}$$

计算由于人的主观因素对 T_j的评判误差 Q：

$$\begin{aligned} Q = {} & 1/2\mathrm{abs}[(\max(d_{1j}, d_{2j}, \cdots, d_{mj}) - d_j)] + \\ & 1/2\mathrm{abs}[(d_j - \max(d_{1j}, \cdots, d_{mj}))] \end{aligned} \tag{7}$$

通过评判误差修正 m 位专家对 T_j 的认识度，修正后的认识度记为 u_j，则 u_j 可以表示为

$$u_j = d_j(1 - Q) \tag{8}$$

（4）确定指标权重值。

对修正后的认识度 u_j 进行归一化处理：

$$\eta_j = u_j / \Sigma u_m \tag{9}$$

则（η_1，η_2）表示 m 位专家对（T_1，T_2）的一致性评价，即为图像情报 T_1 与电子情报 T_2 在雷达毁伤评估中的相应的权重值。

最后，根据雷达目标的图像、电子毁伤值以及相应的权重系数，采用线性加权法计算雷达目标的总体毁伤程度 E：

$$E = D_{\text{image}} \times \eta_1 + D_{\text{electric}} \times \eta_2 \tag{10}$$

3.4 实验仿真

1）场景假设

在某次演习中，我方对敌方某雷达阵地进行火力打击。通过预先

侦察已获得该雷达阵地的遥感影像以及雷达信号样本；打击后利用航空侦察手段获取毁伤影像并检测打击后的雷达信号。假设大气能见度良好，航拍不受云雾等天气因素影响。不考虑雷达主动关机的情况，认为只要雷达发射信号即可被侦收。

2）确定图像变化量

根据原始雷达阵地影像图 2（a）、打击后的毁伤影像图 2（b）以及变化检测结果图 2（c）可知：该雷达阵地有 3 部雷达，由左向右依次标记为 R_1、R_2、R_3。通过查阅资料了解到 3 部雷达功能相近，可互为替代。从打击后影像和变化检测结果来看，雷达 R_1 被直接命中，R_2、R_3 完好（图像中没有毁伤区域与雷达目标区域重合）；因此，通过式（1）可计算出雷达的图像毁伤量：

$$D_{\text{image}} = n/N = 1/3 \approx 0.333$$

3）确定电子信号毁伤量

假设打击前雷达样本信号已通过情报侦察手段获取，利用维格纳分布算法（WVD）分别检测打击后 3 部雷达的电子信号。不考虑电子干扰和雷达主动关机情况，认为雷达发射的信号均能被正常检测到。以 R_1 为例，打击前雷达信号样本如图 9（a）所示，打击后信号如图 9（b）所示。

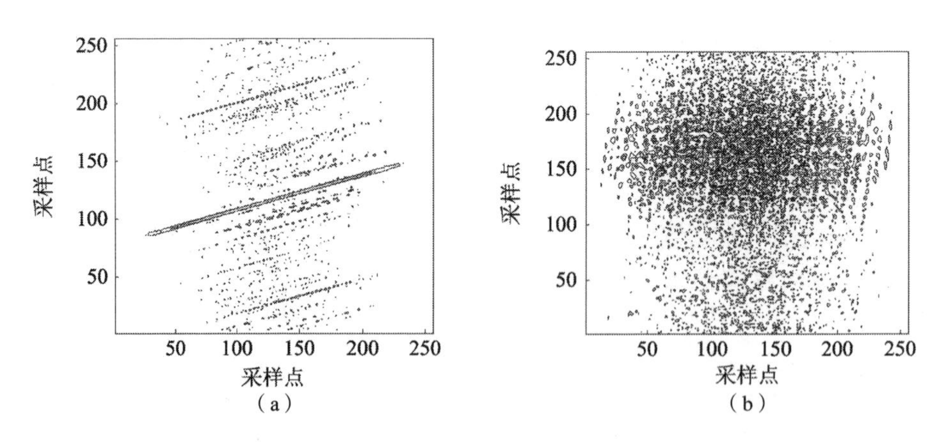

图 9　雷达 1 打击前、后信号仿真图

（a）打击前的 R_1 的信号样本；（b）打击后 R_1 的信号检测结果

对比打击前后雷达信号可知，打击后的电子信号频率发生较大了变化，并超过了雷达接收机的正常工作带宽，即频率失谐，此时认为该雷达已无法完成既定任务，判定 R_1 被毁伤。同理，利用 WVD 算法检测 R_2、R_3 打击后的电子信号，检测结果如下：未检测出 R_2 的电子信号，可认为 R_2 已毁伤；检测到 R_3 的电子信号，且检测信号与原信号类似，可判定 R_3 完好。因此，通过式（2）可计算出雷达的电子信号毁伤量：

$$D_{\text{electric}}=1-m/M=1-1/3\approx 0.667$$

4）权重的确定

利用结构熵权法，请教 7 位雷达专家，得到专家意见评估表如表 2 所示。

表 2　专家意见评估表

序号	1	2	3	4	5	6	7
T_1	0.64	0.48	0.33	0.70	0.58	0.44	0.66
T_2	0.36	0.52	0.67	0.30	0.42	0.56	0.34

通过信息熵函数计算各评估参数的隶属度，由式（3）、（4）计算得到评估隶属度矩阵 D：

$$D^{\mathrm{T}}=\begin{bmatrix}1.103 & 1.146 & 1.183 & 1.087 & 1.119 & 1.156 & 1.098\\ 1.176 & 1.135 & 1.095 & 1.191 & 1.161 & 1.123 & 1.181\end{bmatrix}$$

由式（6）、（7）、（8）计算可得专家对 T_1、T_2 的总体认识度为 $u_{T1}=1.073$，$u_{T2}=1.097$。归一化后得到 $\eta_1=0.494$，$\eta_2=0.506$，即 7 位专家认为在雷达毁伤评估中，图像情报所占比重为 0.494，电子情报占 0.506。

5）基于线性加权策略的情报融合

现已知图像毁伤量和电子毁伤量，采用线性加权的策略融合两种情报的侦测结果。则雷达总体毁伤度 E 为

$$E=D_{\text{image}}\times\eta_1+D_{\text{electric}}\times\eta_2=$$
$$0.494\times 0.333+0.506\times 0.667=0.502$$

目标的毁伤等级评判标准[11,12]如表 3 所示。

表 3　目标的毁伤等级评判标准

毁伤等级	轻度毁伤	中度毁伤	重度毁伤	摧毁
毁伤标准	[0～15%]	[15%～30%]	[30%～60%]	[60%～100%]

根据毁伤评估标准，可判定此时雷达为重度毁伤。分析所得的毁伤结果，由于3部雷达为功能相同的雷达，若其中某一部毁伤，则可以调整其他两部雷达以覆盖被毁伤雷达原来的侦察范围，继续执行毁伤雷达的任务。因此，虽然单个雷达的易损性极高，命中即摧毁，但由于功能的互补性，多雷达阵地的毁伤程度会随互补雷达个数的增加而适当减小。

4　结束语

本文通过情报融合的方法，对雷达毁伤效果评估进行了研究。首先，提出了一种基于 PAC－SOM 的图像变化检测算法，将图像融合与聚类相结合，在滤除噪声的同时能有效地检测出变化区域，从而提高了变化检测的准确度。其次，通过仿真实验对比了常用电子信号检测方法的性能，并选定 WVD 作为雷达信号的变化检测方法。最后，引入结构熵权法作为判定图像、电子情报权重的方法，采用线性加权策略，将图像与电子情报融合，综合评判雷达的毁伤程度，使得评估结果更加准确可靠。通过仿真实验，验证了该方法的有效性，为毁伤评估提供了一种新思路。

参考文献

[1] Beril Sírmaçek , Cem Ünsalan. Damaged Building Detection in Aerial Images using Shadow Information [J], IEEE NRC, 2009.

[2] 颜洁，刘建坡，唐伟广. 基于遥感图像变化检测的毁伤效果分析 [J]. 无线电工程，2010，40 (4).

[3] Vijayaraj V, Bright E A. Bhaduri B L. Rapid Damage Assessment from High Resolution Imagery [J], Proceedings of the International Geosciences and Remote Sens-

ing Symposium, 2010, IGARSS 2010.

[4] 苗启广，刘娟，宁淑婷. 基于模糊综合评判的机场打击效果评估 [J]. 系统工程与电子技术，2012，34 (7).

[5] Chien H Tang. Performance Sensitivity of a Radar as Functions of Its Antenna Characteristics [J]. Radar Conference IEEE, 1993.

[6] Dong Tao, Xu Xiaowen. The Radiation Characteristics of the Reflector Antenna with Random Holes on the Surface [C]. The 3th International Conference on Computational Electromagnetics and Its Applications Proceedings, IEEE, 2004.

[7] 慕彩红，霍利利，刘逸等. 基于小波融合和 PCA – 核模糊聚类的遥感图像变化检测 [J]. 电子学报，2015，43 (7).

[8] MU Cai – hong, HUO Li – li, LIU Yi, ect. al. Change Detection for Remote Sensing Images Based on Wavelet Fusion and PCA – Kernel Fuzzy Clustering [J]. Acta Electronica Sinica, 2015, 43 (7).

[9] 陶刚，闫永刚，刘俊等. 基于改进的 SOM 聚类连续属性离散化算法 [J]. 计算机应用，2015，35 (S1).

[10] TAO Gang, YAN Yonggang, LIU Jun, ect. al. Discrimination of continuous attributes based on improved SOM clustering, 2015, 35 (S1).

[11] 陈洁钰，姚佩阳，王勃，等. 基于结构熵和 IGSO—BP 算法的动态威胁评估 [J]. 系统工程与电子技术，2015，37 (5).

[12] CHEN Jieyu, YAO Peiyang, WANG Bo, ect. al, Dynamic threat assessment based on structure entropy and IGSO – BP algorithm [J]. Systems Engineering and Electronics, 2015, 37 (5).

[13] David G. Lowe. Method and apparatus for identifying scale invariant features in an image and use of same for locating an object in an image: US Patent, 6711293 [P]. 2014 – 04 – 08.

[14] 眭海刚，华凤，范一大，等. 利用 GIS 与贝叶斯网络进行高分辨率 SAR 影像道路损毁信息提取 [J]. 武汉大学学报信息科学版，2016，41 (5).

[15] Sui Haigang, Hua feng, Fan Yida, et. al, Road Damage Extraction from High – Resolution SAR Image Based on GIS Data and Bayes Network [J]. Geomatics and Information Science of Wuhan University, 2016, 41 (5).

[16] 王晋平，段卓平，刘彦. 坑道目标毁伤效果的模糊综合评估研究 [J]. 北京理工大学学报，2015，35 (8).

基于运动特征的弹道导弹目标识别技术

李陆军　丁建江　胡　磊　赵乃希

弹道导弹目标的运动特征反映不同目标的运动特性，是鉴别弹头和诱饵目标的有效手段之一。本文分析了弹道导弹目标运动特征差异，系统归纳了基于运动特征的弹道目标识别方法。根据雷达提取运动特征所采用的信息不同，将此种方法分为基于速度变化的识别方法、基于弹道运动特性的识别方法、基于微动特性的识别方法以及基于质阻比的识别方法，详细阐述了四类识别方法特点、实现途径及适用条件；最后展望了弹道导弹目标识别技术的发展趋势，并对目标识别特征作战运用提出一些新的想法。

引言

在弹道导弹防御中，目标识别是最关键、最核心、最没有把握、最没有解决好的环节，如何有效识别真假弹头是战场制胜的关键[1]。研究发现，目标温度、结构和运动特性可以用于识别真假目标。其中运动特征能够反映目标速度、角度等状态变化，基于运动特征的提取与识别技术一直都是弹道目标识别研究的重点。

雷达作为反导系统的主要传感器之一，在特征提取和目标识别上作用明显。由于运动状态的差异，当目标反射入射波时，其运动特征信息隐含于雷达回波中。雷达回波信号与目标信息存在如下对应关系：目标回波信号的幅度和相位是时间、空间和频率的函数，其中相位对时间的变化率可以表征目标的径向速度，对空间的变化率可以表征目标的角度和方位；而幅度对时间的变化率可以表征目标的自旋特征[2]。根据特征提取方式等的不同，文中将基于运动特征的识别方法分为基于速度变化的识别方法、基于弹道运动特性的识别方法、基于微动特性的识别方法、基于质阻比的识别方法，并分别阐述了各种识别方法的物理基础和实现途径。

1　弹道目标的运动特性差异

弹道导弹释放的假目标包括有源诱饵和无源诱饵，无源诱饵包括发动机碎片、各种轻重诱饵等；有源诱饵通过转发雷达发射信号，模仿导弹目标回波信号特征，以假乱真。在飞行中，弹头目标一般通过自旋保持飞行的稳定，在释放弹头或诱饵时，由于它们本身质量的差异，目标速度变化率不一样，且在释放时，弹头受外力作用，产生进动现象。

2　基于速度变化的运动特征提取与识别

2.1　释放诱饵时速度变化

弹道导弹突防中通常释放大量的诱饵迷惑对方，诱饵在释放时相

对于弹头具有一定的初速度，通常在 1 m/s 以上，考虑到弹头的质量比诱饵大得多（即使是重诱饵，这种差别也在一个数量级以上），根据动量守恒定律，弹头在释放诱饵前后速度变化很小，可以忽略不计，而诱饵在释放前后的速度增量，与释放时的初速度非常接近，因此可以在发现诱饵释放前后，利用具有高精度测量能力雷达获取弹头与诱饵的速度变化信息，进而区分弹头目标与诱饵目标，通常将这种识别方法称为“速度识别法”[3]。随着大型相控阵雷达技术发展，相控阵雷达的测速精度有了较大提高，目前国内测速精度可达 0.3 m/s，而国外的 X 波段雷达，测速精度在厘米级，因此从现有技术水平和装备上讲，速度识别方法较容易实现，且具有较高的识别效率。

图 1 为速度识别方法的基本原理，其中 t_s 时刻弹头释放某个诱饵，在此之前，t_{v0}时刻之前目标的径向速度为 $\hat{v}_{rw,0}$，诱饵释放后，t_{v1}时刻测得弹头和诱饵的径向速度为 $\hat{v}_{rw,1}$、$\hat{v}_{rb,1}$，为了补偿地球引力、自转等引起的速度增量 $\hat{v}_c$，弹头和诱饵在雷达径向上的速度增量为 $\hat{v}_{rw,1}-\hat{v}_{rw,0}-\hat{v}_c$、$\hat{v}_{rb,1}-\hat{v}_{rw,0}-\hat{v}_c$，根据其概率分布，确定特征量，按照一定的判断准则弹头和诱饵进行识别。

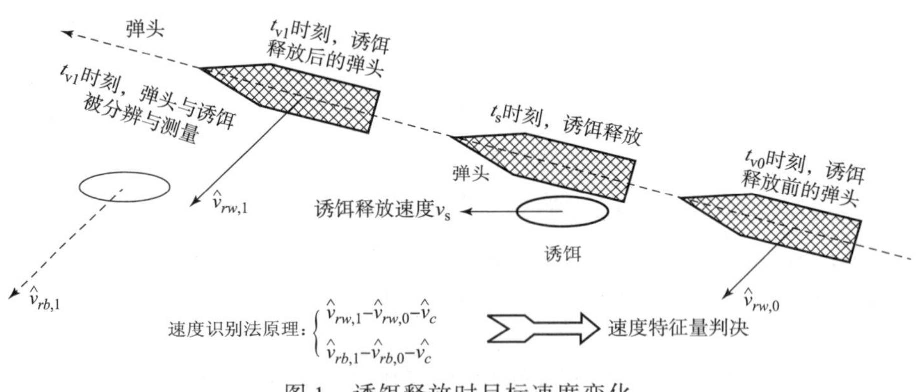

图 1　诱饵释放时目标速度变化

一般情况下弹道导弹目标投放两个相邻诱饵的时间间隔为几秒量级，雷达径向速度测量数据率可达 1 ~ 2 Hz，位置测量时数据率一般为 5 ~ 10 Hz。

2.2 下降段速度变化

对于 100 km 以下飞行阶段，目标群进入大气层，轻质诱饵由于大气过滤作用被消耗掉，剩下弹头和重诱饵等。国外研究了质阻比（有关质阻比分析将在后续研究中介绍）识别方法，通过弹头与诱饵在质阻比上的差异，即可实现在一定高度实现对目标识别。对于 200 ~ 100 km高度的目标，此时大气层密度较低，阻力对弹头和重诱饵的减速作用弱，然而对轻质诱饵具有明显的减速作用。随着相控阵雷达多普勒测速精度的大幅改进，装备完全能够获取轻诱饵的减速特征，进而鉴别出轻诱饵。这种在稀薄大气层对轻诱饵的识别，能够有效降低再入段识别的负担，为后续识别任务的完成提供更多的识别资源[4,5]。图 2 为 200 ~ 100 km 稀薄大气层中轻质诱饵识别原理。

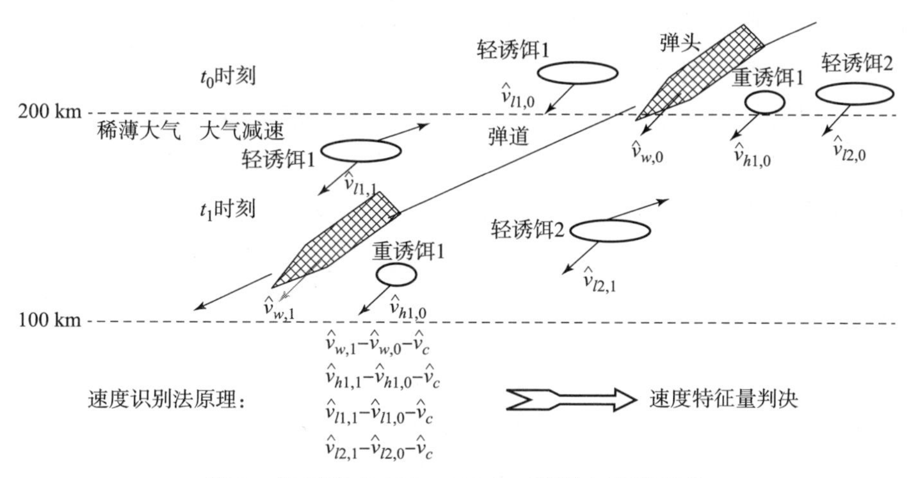

图 2　目标群在 200 ~ 100 km 范围内速度变化

3　基于弹道特性的运动特征提取与识别

3.1　弹道平面性

在弹道导弹突防中，采用有源假目标是一种比较有效的突防措施。一方面，常规的抗干扰措施无法对付这种逼真的欺骗信号，导致信号进入数据处理环节，形成多个稳定航迹，消耗雷达资源，使得弹头目标无法在有效时间达到拦截精度；另一方面，假目标会使雷达将其误判为真目标，造成决策失误。可以说这种具有欺骗性的有源假目标对弹道导弹防御系统是一种巨大的威胁。现有技术表明，有源干扰系统能够自主产生信号能量、相位调制、波形等方面与真弹头非常相似的假目标，因此无法通过信号特征对其有效识别。

文献［6］指出，在椭圆弹道假设下，实体目标飞行轨迹位于速度和引力矢量决定的平面内，而有源假目标不具有这样的特性，因此可以通过雷达数据处理获取目标运动参数，进而分析目标轨迹几何特性。

如图3所示，导弹飞行轨迹上任一 c 点都位于矢径 ea 和矢径 ec 决定的平面内，a'、b'、c'为对应时刻下假目标点击位置，延迟距离分别为 aa'、bb'、cc'，如果雷达部署在弹道平面内，则轨迹 abc 和 $a'b'c'$都在一个平面内。然而，通常情况下，雷达部署在弹道平面外，此时有源假目标轨迹 $a'b'c'$不在一个平面内。实际中突防方若想设计在过地心平面的假目标弹道轨迹，必须在确定对方雷达部署位置的前提下，实时计算假目标的距离延迟率，进而计算转发延迟时间，这个过程精密且要求高，实际应用中难以实现，假目标很难被设计在一个过地心的平面内。因而可以用飞行轨迹是否在一个过地心平面进行真假目标识别。

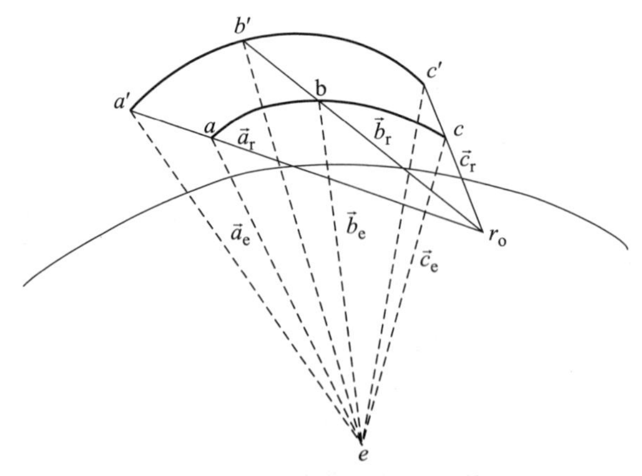

图3　被动段真假目标轨迹特性

3.2 动量守恒特性

文献［7－9］根据真假目标在动力学上的差异，提出一种基于动力学守恒特性的有源假目标识别方法，研究表明该方法能够有效鉴别有源假目标。这是因为真弹头作为真实运动的客观实体目标，遵循动量矩守恒和机械能守恒定律，而有源假目标只是干扰机产生的一个连续映射，不是客观存在、真实运动的实体，因而不满足动力矩和机械能守恒定律。

图 4 和图 5 为真假目标的瞬时动量矩和瞬时机械能变化曲线，如图所示，目标延迟距离越大，动力学不守恒特性越明显；延迟或超前相同距离时，目标的动力矩和机械能呈对称分布。采用动量矩特征时，需积累 200 s 后可以区分有源假目标和弹头目标；采用机械能特征时，需积累 300 s 才能有效区分二者。该方法与基于平面特性的识别方法有区别，充分利用目标在动力学方程的差异，不需要额外消耗系统资源，且算法易于工程实现。

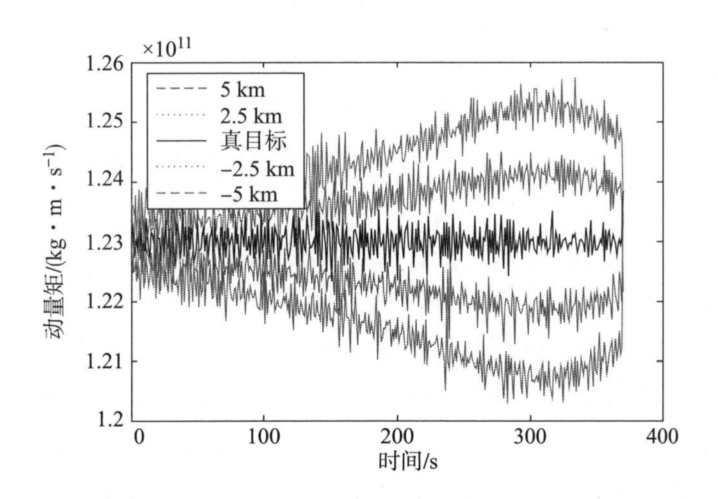

图 4　真假目标动量矩变化曲线

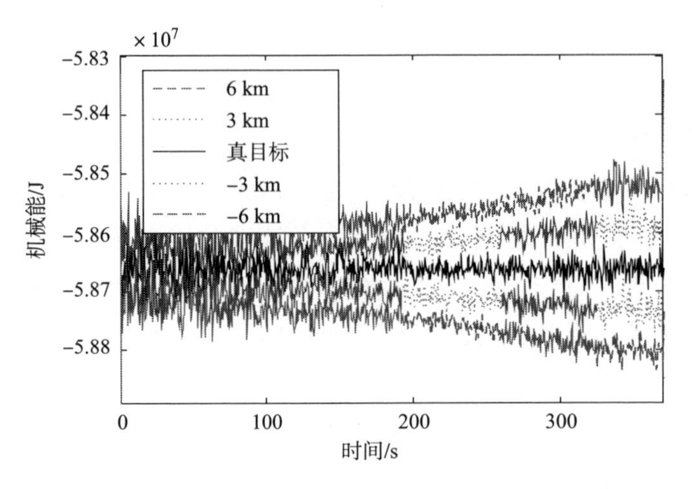

图 5　真假目标机械能变化曲线

4　基于微动特性的运动特征提取与识别

在弹道导弹主动段结束、被动段早期释放诱饵形成多个包含真假目标的威胁目标群，中段时多个目标群通常以相同的速度飞行，雷达很难通过速度差异辨别目标真假。若释放的诱饵和弹头目标形状相同，电磁散射特性也相同，此时很难通过高分辨成像提取目标结构特征识别目标真假。因此，为了提高突防能力，通常会释放重诱饵，其质量、外形和外部材料方面与弹头相似，无形增加目标识别难度[20-22]，需要寻求有效的方法区分弹头和重诱饵。

由弹道导弹突防技术可知，弹头和重诱饵通常以一定的角速度自旋保持空中稳定，然而在释放的过程中受外力作用对目标产生横向作用力，弹头和重诱饵会产生进动或章动现象[23]，也就是微动现象，直至进入大气层一直保持这种状态。整个飞行过程，姿态角随着弹头和诱饵的进动而周期性变化，而碎片和其他突防物没有采用姿态控制，呈无规律翻滚状态，RCS 变化没有规律性，因而可以通过目标的微动特征进行识别。目前微动提取技术可以分为基于微多普勒分析和基于散射特性两种，如图 6 所示。

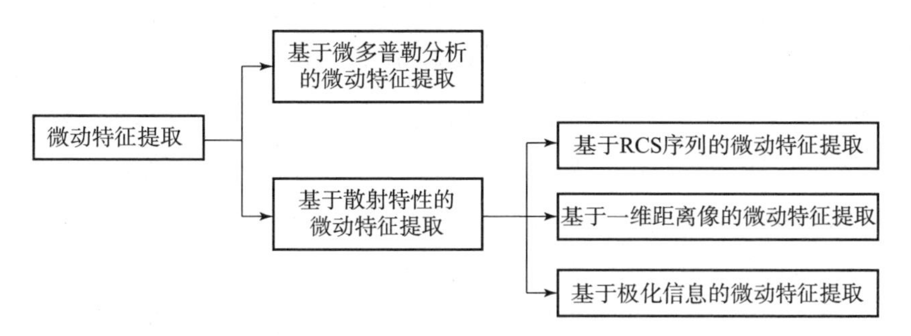

图 6　微动特征提取方法分类

4.1　基于微多普勒分析的微动特征提取

弹道导弹目标在飞行过程中，各部分绕质心运动，使得回波信号产生质心多普勒为中心的边带多普勒调制，称为微多普勒。图 7 为两种不同结构弹头的微多普勒仿真结果。目前基于微多普勒分析的弹道导弹目标识别可以分为两种：一是基于回波信号的微多普勒谱提取目标的物理特征。文献［10－14］表明可以提取进动轴指向、进动频率、自旋频率、进动角等识别特征，然而这些方法易受噪声干扰，信噪比不高时特征不易提取。二是利用现有成熟的图像处理方法对微动信号的时频图像进行处理。文献［15］通过判断时频图像是否存在

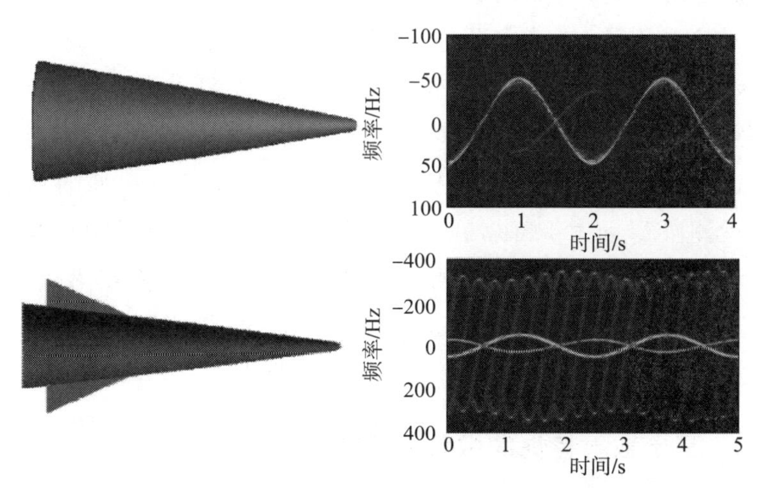

图 7　锥形和带翼锥形弹头的微多普勒仿真结果

直线、直线的倾斜度及其对称性作为分类依据，有效解决了振动、锥旋、旋转、翻滚四种微动状态的分类识别问题。文献［16］提出了一种基于时频变换的弹道目标微动特征提取方法，通过提取时频图像的 7 个 Hu 不变矩作为目标识别的特征，仿真表明该方法对不同的信噪比具有一定的稳定性，验证了不变矩用于时频图像识别的可行性。

文献［17，18］进行了目标为多普勒分析的可测量性研究，将一个周期内微多普勒频率最大值和最小值之差的绝对值作为微多普勒调制带宽，可以表示如下：

$$B_{md}=\frac{4\omega\sin\theta\sin\alpha}{\lambda}\left|d_P+d_t\cdot\frac{\cos\theta}{\sin\theta}\right| \tag{1}$$

式中，d_p、d_t分别为目标散射中心到质心的垂直和水平距离；θ 为锥旋运动时的进动角；a 是雷达视线与目标进动轴间的平均视线角。B_{md}的大小反映了回波多普勒展宽程度，值越大，雷达越易检测到这种微动变化。弹道目标在飞行中，目标尺寸和进动参数不变，只有 α 随着目标移动不断变化，不同时刻的 B_{md}差异较大。当微多普勒带宽 $B_{md}\in$［$B_{max}/2$，B_{max}］时，当前时刻定义为“易检测段”；反之则定义为“不易检测段”。目标对象和雷达部署位置变化时，目标微多普勒特性易检测段也是不同的，因此可以根据雷达的部署位置，找出目标微多普勒“易检测段”，为微多普勒特征运用提供依据。

研究发现，当雷达在弹道平面以外时，微多普勒调制带宽更大，“易检测段”更长，且最小微多普勒调制带宽改善较明显。通过分析可知，雷达前沿部署时更有利于提取目标微多普勒特征，此时调制带宽和“易检测段”远大于部署在落点附近。雷达部署位置距离弹道平面越远，调制带宽越大，“易观测段”越长。当雷达部署在落点附近时，应使其尽量远离落点或增加海拔高度，雷达部署位置距离落点越远，海拔越高，则调制带宽越大，“易观测段”越长。

4.2 基于散射特性的微动特征提取

目标微运动使目标姿态角周期性变化，进而对目标 RCS、一维像、极化散射矩阵等特征进行周期性调制，调制周期的长短与进动周期同步，而调制幅度的强弱由进动角、平均视线角、目标散射特性共同决定，因而雷达可以通过分析 RCS、一维像、极化散射矩阵序列提取目标进动特性，这也是目标较为可行的途径。

进动特性与目标的质量分布有关，重诱饵虽在外形、结构、材质上可以做到与弹头相似，但在目标质量分布上无法完全模拟弹头，真弹头质量分布不匀称，质量轻、密度小的引信和碳素材料位于弹头顶部，主要质量（弹药等部分）集中在底部，总体上弹头质量分布呈顶部小底部大的特点，而重诱饵质量分布均匀[23,24]，因此两者可以通过质量分布上的差异进行区分，而质量分布的差异最终体现在进动特性惯量比差异上。

1990 年美国进行 Firefly 飞行试验后发布的相关文献表明，采用进动特性识别目标真假弹头的关键在于建立目标进动参数值质量特性之间的关系，将目标进动特性估算转化为目标质量特性分析。基于目标进动特征提取和分析，可以获得丰富的信息，弹头和诱饵在质量分布上的差异是完全可以获取的。下式为惯量比表达式[21]：

$$\lambda = \frac{I_z =}{I_t} = \frac{\cos\theta}{T_x f_y} \qquad (2)$$

式中，I_z为纵向惯量，I_t为横向惯量，T_x为进动周期，θ 为进动角，f_y为自旋频率。在释放过程中，弹头和诱饵的自旋频率相近，大约在 3 Hz以内，因此要获取目标惯量比首先需要测得进动角 θ 和进动周期 T_x。关于这方面国内外学者做了大量的研究，文献［19－27］研究了根据 RCS 序列估计进动参数和提取惯量比的方法，证明通过 RCS 估计惯量比的可行性。文献［28－36］研究了基于一维距离像序列进行进动角、进动周期等微动参数的估计方法。文献［37，38］研究了用极化散射矩阵序列估计目标微动参数的方法，结果表明基于全极化测量提取的微动特征更加稳定，识别性能更优。图 8 为基于 RCS 序列的惯量比提取流程。

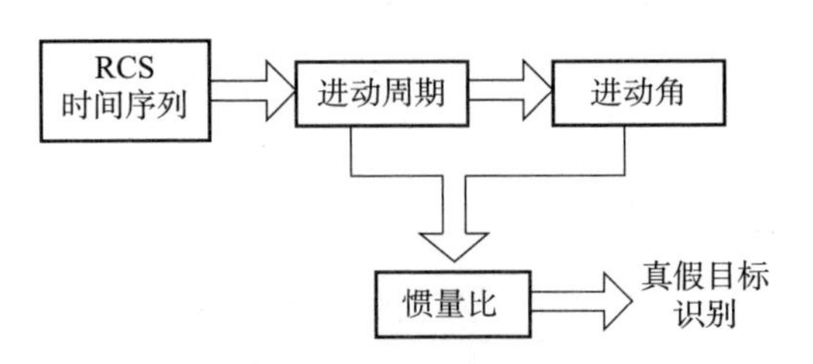

图 8　基于 RCS 序列的惯量比提取流程

研究表明，弹头为了保持小的进动幅度，需要设计较大的惯量比，且总大于诱饵的惯量比。在美国 Firefly 试验中气球诱饵的惯量比量级为 10^{-2}，同样大小、质量分布均匀的锥形诱饵惯量比在 0.230 左右，弹头的惯量比还要大些。在弹道导弹目标识别中，若能预知弹头惯量比范围，则可以更好区分弹头和重诱饵。

5　基于质阻比的运动特征提取与识别

当弹道导弹目标群进入大气层后，轻诱饵或碎片由于大气摩擦被燃烧掉（大气过滤），剩下的重诱饵和弹头再入大气层时，具有不同的减速特性。只考虑大气阻力时，目标的减速特性可以用质阻比反映。质阻比相同的目标具有相同的运动特性，质阻比差异的目标具有不同的减速特性。再入段作为目标飞行的最后阶段，留给反导系统作战时间较短，如果中段目标识别失败，再入段识别将是最后的识别机会。

质阻比是再入体质量与沿速度矢量上有效阻力面积的比值，是弹头质量与外形的组合结果，体现了弹头再入时的飞行性能，是再入段弹道目标识别的重要特征之一。相比于其他识别特征，该特征识别速度快，研究价值较高。表 1 所示为不同弹道目标的质阻比，可以看出，重诱饵的质阻比比真弹头小，轻诱饵的质阻比比重诱饵小 1 ~ 2 个数量级，因而可以通过质阻比来识别真假弹头[1]。一般情况下，诱饵的质阻比总是小于真弹头的，所以可以通过一段时间的观察，比较减速特性发生的先后并建立相应的阈值来大致判断真假弹头，利用质阻比特征差异识别目标是可行的。

表 1　不同弹道目标的质阻比比较

目标	物理特性	质阻比	质阻比所属范围
真弹头	质量大，分布不均匀，满足气动特性	<10 000	大
重诱饵	质量、外形与弹头相似，质量分布不均匀，满足气动特性	<3 000	较大
大碎片	质量较小，不满足气动特性	<1 000	小
小碎片	质量很小，不满足气动特性	<100	较小
轻诱饵	质量很小，不满足气动特性	<10	很小

由于在飞行中段基本上没有阻力，因此再入弹头与诱饵基本上是以相同速度和再入角进入大气层的。这些高速飞行体进入大气层后，其运动特性受重力和大气阻力共同作用，大气阻力与目标高度、速度、形状大小等有关。质阻比 β 是反映再入段大气对目标作用的一项空气动力参数，能够描述大气阻力引起的再入目标减速特性，是目标飞行特性的集中体现，也称作弹道系数，其表达式为[23]

$$\beta = \frac{m}{C_D A} \tag{3}$$

式中，m 为再入目标质量，C_D为阻力系数，A 为目标的迎风面积。

上式表明，质阻比能够综合反映目标的质量与外形，是描述再入特性的重要指标。再入目标质阻比由目标质量、迎风面积等参数决定，不可通过雷达直接测量，但可以通过目标位置、速度、加速度等运动信息导出，从而进行弹头与诱饵的识别。

如果能够测得再入时目标运动轨迹，就能计算目标的质阻比，从众多目标中识别出真弹头。下式为通过雷达测量参数提取质阻比的计算公式[39,40]：

$$\beta = \frac{1}{2}\frac{\rho V^2}{g\sin\lambda - V} \tag{4}$$

式中，λ 为目标再入角，ρ 为再入段气密度，V 为目标运动速度。

如式中所示，质阻比与目标速度、加速度、再入角有关，质阻比不同的目标以一定的再入角运动时，受到的大气阻力有区别，因而具有不同的减速特性。通常考虑采用先进的滤波算法，实时获取估计目标速度、加速度等，进而求取再入目标质阻比，识别弹头和重诱饵。文献［42］对某一近程弹道导弹再入段质阻比进行估计，仿真结果如图 9 所示。可以看出，UKF、EKF 和 RK – UKF 均能估计再入目标的质阻比，其中 RK – UKF 算法的估计效果最好，传统的 UKF 算法收敛速度很慢，精度也不高。RK – UKF 在高度 70 km 处收敛，EKF 在高度 60 km 处收敛，为反导系统留下充足的准备时间；而传统的 UKF 在高度 30 km 处收敛，很难满足反导系统预警时间要求。

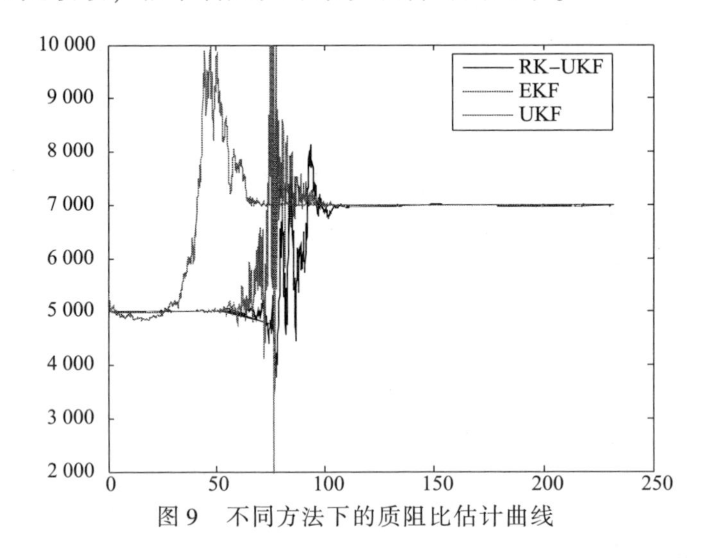

图 9　不同方法下的质阻比估计曲线

6　结束语

在弹道导弹防御系统中，雷达作为重要的预警手段，在弹道导弹目标识别方面发挥着不可替代的作用。通过先进的数据处理技术，雷达可以获取具有明显差异的运动特征信息，为目标识别提供信息支撑。然而实际中，单靠某一类型的识别特征难以确保识别结果稳定可靠，多源信息融合能够有效改善识别性能。因而，目标的运动特征总是和红外特征、结构特征一起作为弹道目标识别的重要依据。

当前可用于弹道目标识别的特征较多，新的特征不断出现、特征提取方法不断改进，极大促进了弹道目标识别研究。然而如何有效使用特征是未来作战的核心所在，目前这方面的研究很少或几乎没有，因此在弹道弹道目标识别方面，仍有大量的研究工作需要完善。

（1）目标识别特征运用具有不同约束条件，如有的特征只出现在某一高度层，而有的特征则在特定目标视线角区间内易测量，因此可以首先梳理识别特征约束条件，然后站在体系的角度，按照时间进程、装备有效作用距离、空间高度层次等规划识别任务，为目标识别特征运用提供依据。

（2）目标识别特征获取需要特定的工作模式和指定的跟踪精度，而目前针对搜索和跟踪的雷达工作模式涉及较多，针对目标识别的雷达工作模式涉及较少。在弹道导弹目标识别中，工作模式设计合理与否，决定识别特征能否获取。通常识别模式设置复杂，且与具体场景相关，反导作战时间有限，转瞬即逝，留给指挥员的反应时间短暂。因此应做好战前模式设计，战时直接调用，简化作战程序，充分发挥作战效能。

（3）弹头与诱饵具有相似性，在弹道导弹飞行过程中动态变化，因此需要结合实际场景中弹道导弹突防方式，设计特征运用策略，综合多种识别手段，逐步剔除诱饵和碎片等，识别出真弹头。

（4）从技术和算法的角度梳理不同特征下的识别算法，建立识别算法库，作为战时识别方法运用的重要依据，在实际反导作战中根据系统资源和具体场景对识别方法进行综合设计。

参考文献

[1] 李陆军，丁建江，吕金建，等. 弹道导弹目标特性研究 [J]. 飞航导弹，2015 (6).

[2] 王保义，时振栋. 电磁场在目标识别中的应用 [M]. 北京：电子工业出版社，1995.

[3] 唐毓燕，黄培康. 基于高精度径向测速的宽带雷达单诱饵速度识别法 [J]. 宇

航学报，2006，27（4）.

[4] 唐毓燕，黄培康. 稀薄大气层内轻诱饵速度识别法 [J]. 宇航学报，2008，30（5）.

[5] 赵涛，霍超颖，任红梅，等. 稀薄大气层内目标群运动特征及识别研究 [J]. 现代防御技术，2015，43（2）.

[6] 赵艳丽，王雪松，周颖，等. 基于弹道平面性的有源假目标鉴别算法 [J]. 系统仿真学报，2009，21（3）.

[7] 赵艳丽，周颖，王雪松，等. 基于动力学模型的有源假目标鉴别方法 [J]. 国防科技大学学报，2007，29（5）.

[8] 饶彬，王雪松，丹梅，等. 基于动力学守恒定律的弹道有源假目标鉴别方法 [J]. 宇航学报，2009，30（3）.

[9] 饶彬，肖顺平，赵志超，等. 外太空有源假目标的运动学特性 [J]. 电子与信息学报，2009，31（11）.

[10] 孙慧霞，刘峥，薛宁. 自旋进动目标的微多普勒特征分析 [J]. 系统工程与电子技术，2009，31（2）.

[11] LI K，Liu Y，Jiang W，Li X. Feature Extraction of Cone with precession based on micro - Doppler [C]. IET International Radar Conference，Guilin，2009.

[12] 李康乐，姜卫东，黎湘. 弹道目标微动特征分析与提取方法 [J]. 系统工程与电子技术，2010，32（1）.

[13] 王兆云，张兴敢，柏业超. 基于微多普勒的锥体目标进动和结构参数估计 [J]. 南京大学学报（自然科学），2014，50（2）.

[14] 雷腾，刘进忙，李松，等. 弹道目标进动周期特征提取新方法 [J]. 计算机工程与应用，2013，49（1）.

[15] Jiajin Lei. Pattern recognition based on time - frequency distributions of radar Micro - Doppler Dynamics [C]. SNPD/SAWN 2005，2005.

[16] 田已睿，蒋跃红，郭汝江，等. 基于时频变换的弹道目标微多普勒特征提取 [J]. 现代雷达，2012，34（1）.

[17] 马梁，王雪松，李永祯，等. 雷达部署对进动目标微多普勒频率的可测性分析 [J]. 国防科技大学学报，2011，33（2）.

[18] 马梁. 弹道中段目标微动特性及综合识别方法 [D]. 长沙：国防科学技术大学，2011.

[19] 冯德军，刘进，丹梅. 弹道中段目标 RCS 周期特性及其估计方法 [J]. 宇航

学报，2008，29（1）.

[20] 陈翱. 基于RCS序列的弹道中段目标微动特征提取技术［J］. 现代雷达，2012，34（6）.

[21] Eve H W, Richard A Marr. Doppler imaging based on radar target precession [J]. IEEE Trans. on Aerospace and Electronic System, 1993, 29 (1).

[22] 胡杰民，陈行勇，董洪乐，等. 锥体空间目标基于进动特性识别［J］. 现代防御技术，2008，36（1）.

[23] 刘永祥. 导弹防御系统中的雷达目标综合识别研究［D］. 长沙：国防科学技术大学，2004.

[24] 庄钊文，刘永祥，黎湘. 目标微动特性研究进展［J］. 电子学报，2007，35（3）.

[25] 孙照强，李宝柱，鲁耀兵. 弹道中段进动目标的微多普勒研究［J］. 系统工程与电子技术，2009，31（3）.

[26] 陈建文，李士国. 基于目标运动分辨技术提取导弹目标运动特征［J］. 现代雷达，2003，25（6）.

[27] 刘维建，陈建文. 弹道类目标进动周期特征提取方法研究［J］. 现代雷达，2009，31（7）.

[28] 贺思三，周剑雄，付强. 利用一维距离像序列估计弹道中段目标进动参数［J］. 信号处理，2009，25（6）.

[29] 雷腾，刘进忙，余付平，等. 基于时间－距离像的弹道目标进动特征提取新方法［J］. 信号处理，2012，28（1）.

[30] 艾小锋，邹小海，李永祯，等. 基于时间－距离像分布的锥体目标进动与结构特征提取［J］. 电子与信息学报，2011，33（9）.

[31] 冯德军，陈志杰，王雪松，等. 基于一维距离像的导弹目标运动特征提取方法［J］. 国防科技大学学报，2005，27（6）.

[32] 朱玉鹏，王宏强，黎湘，等. 基于一维距离像序列的空间弹道目标微动特征提取［J］. 宇航学报，2009，30（3）.

[33] 刘慧敏，王宏强，黎湘. 基于一维距离像序列几何投影分析的锥形目标进动周期估计［J］. 信息处理，2009，25（8）.

[34] 金光虎，朱玉鹏，高勋章，等. 基于一维距离像序列的中段雷达目标进动特征提取［J］. 信息处理，2009，25（5）.

[35] 颜维，孙文峰，钱李昌，等. 基于一维像序列的弹道中段目标进动特征提取

[J]. 空军雷达学院学报, 2011, 25 (2).
[36] 俞鼎峰, 喻荣梅, 马超, 等. 基于一维距离像序列的导弹目标进动参数估计 [J]. 电子测量技术, 2015, 38 (2).
[37] 王涛, 周颖, 王雪松, 等. 雷达目标的章动特性及章动频率估计 [J]. 自然科学进展, 2006, 16 (3).
[38] Wang Tao, Wang Xuesong, et al. Estimation of precession parameters and generation of ISAR images of ballistic missile tarfers [J]. IEEE Trans. on AES, 2010, 46 (4): 1983 - 1995.
[39] Gardillo G P, Mrstik A V, Plambeck T. A Track Filter for Reentry Objects with Uncertain Drag [J]. IEEE Trans. on Aerospace and Electronic Systems, 1999, 35 (2).
[40] Julier S, Uhlmann J K. A new method for the nonlinear transformation of means and covariances in filters and Estimators [J]. IEEE Trans. on Automatic Control, 2000, 45 (3).
[41] 金文彬, 刘永祥, 黎湘, 等. 再入目标质阻比估计算法研究 [J]. 国防科技大学学报, 2011, 25 (6).
[42] 胡国旭, 姚汉英, 钱李昌, 等. 基于 RK - UKF 算法的再入目标质阻比估计 [J]. 空军雷达学院学报, 2011, 25 (6).

基于候选区域的无人机侦察影像目标检测技术研究

李　喆　李建增　扈　琪

本文针对无人机侦察影像的目标检测问题，研究一种基于候选区域的无人机侦察影像目标检测技术。首先围绕无人机影像特点，分析了基于候选区域的目标检测技术的优势。然后介绍了该技术的关键步骤并归纳了各步骤的主流算法。最后总结了两种较为成熟的候选区域目标检测框架：基于 DPM 的候选区域目标检测框架和基于卷积神经网络的候选区域目标检测框架，通过对现有算法的分析，为下一步改进算法提供了思路。

引　言

相比于传统战场侦察方式，无人机侦察能够在避免人员伤亡的情况下提供近实时的情报信息，逐渐成为一种主流的侦察手段。无人机获得战场侦察影像数据后，通过目标检测技术处理侦察影像，实现对战场典型目标的定位与分类，根据检测信息，可以准确打击敌方目标、掌握敌我部署、增强战场判断力、提高作战效率。

目标检测技术是一种基于目标几何与统计特征的图像识别分割技术[1]。早期的算法有帧差法、背景差法、光流法等，主要利用帧间信息定位出运动目标的空间位置，不涉及对目标类别的智能分类，如需目标判读还要添加目标识别模块，过程烦琐冗余。此外，无人机侦察影像相对于一般研究的目标检测影像有其自身的特殊性：

（1）成像环境恶劣、目标背景运动且复杂；

（2）目标相对背景过小，定位困难；

（3）目标特征不明显，识别难度大；

（4）实际应用需求对算法实时性、鲁棒性要求高。

因此，快速鲁棒地进行无人机侦察影像目标检测成为无人机信息处理的关键，而基于候选区域（Region Proposal）的目标检测技术正符合以上要求：

（1）对单幅或单帧影像进行检测，不受运动背景限制；

（2）候选区域检测，缩小待计算窗口数量，运算速度快；

（3）特征提取降维与分类器相结合，识别定位的精度与速度高；

（4）整体框架简单清晰，如图1所示，可以根据检测要求对候选区域检测、特征提取、分类器三个检测阶段进行变化，便于算法的改进与评估。

因此，对基于候选区域的无人机侦察影像目标检测技术进行研究具有重要意义，本文将对其三个阶段进行介绍和算法概述。

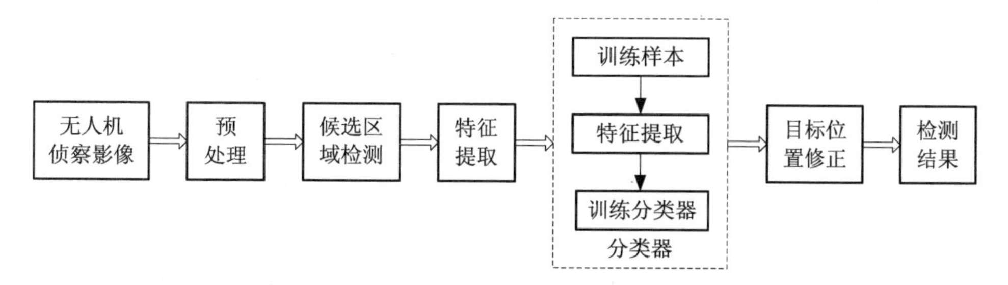

图 1　基于候选区域的目标检测框架

1　候选区域检测

候选区域检测是利用图像颜色、边缘、纹理等特征，选择性搜索目标位置的方法。由于目标可能出现在图像的任何位置，大小、长宽比例不定，因此需要根据一定方法将图像分割成各种尺寸的子图像作为候选区域，便于目标定位与特征提取。

而高效的分割候选区域成为候选区域检测阶段的研究重点。传统穷举搜索（Exhaustive Search）算法也可以算作一种特殊的候选区域检测方法，其利用几种尺寸相对固定的矩形窗口，逐行列或随机对整幅图像截取子图像，实现对图像的遍历。这种盲目穷举的区域搜索方法时耗长、冗余大，严重影响整体目标检测算法的运行速度与性能，更无法满足无人机情报处理的实时性，因此为提高检测效率需要一种检测策略对区域搜索进行引导，避免复杂的运算。

现有的可用于候选区域检测的算法有很多，Jan Hosang 等[2]将这些算法分为分组区域选择法（Grouping Proposal Methods）和窗口评分区域选择法（Window Scoring Proposal Methods）两大类。分组区域选择法将图像先分割成小块，随后按照某种原则组合成需要的候选区域。根据产生候选区域方式的不同，分组区域选择法又细分为超像素法（Superpixels，SP）、像素分割法（Graph Cut，GC）和边缘轮廓法（Edge Contours，EC）。窗口评分区域选择法在图像上截取大量的区域窗（Windows），并按照与目标关系的大小进行打分，选择分数高的生成候选区域。图 2 详细描述了这种分类层次并列举了主要算法。

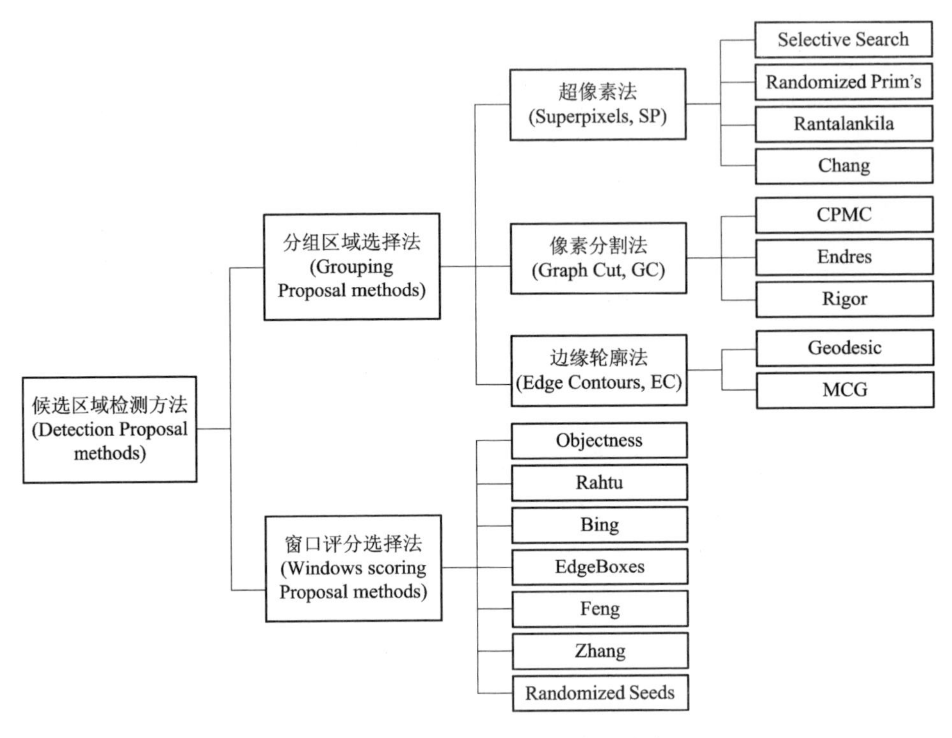

图 2　主要候选区域检测算法分类

上述算法中比较具有代表性的有 Selective Search[3, 4]、Edge Boxes[5] 和 MCG[6]。

Selective Search 的主要思路是使用图像分割算法将图像分割成小区域，计算相邻小区域的颜色、纹理等特征的相似度，并融合相似度最高的两个区域，重复相似度计算和融合过程直到合成整张图像，合成过程中产生的各种尺度区域即为候选区域。

Edge Boxes 首先使用结构化快速边缘检测算法[7] 得到边缘图像（Edge Probability map），利用非极大值抑制（Non-maximum Suppression，NMS）稀疏边缘图像，然后将边缘点组成边缘组（Edge Group）并计算组间的相似度，进而得到框内与框边缘重叠的两组轮廓数，最后根据轮廓数对区域框进行打分，根据分数确定候选区域。

MCG 与 Edge Boxes 一样先用结构化快速边缘检测算法得到边缘图

像，利用分水岭算法得到轮廓图，随后生成超度量轮廓映射图（UCM），之后通过层次分割得到区域集并用随机森林分类器根据尺度、位置和边缘强度等特征对区域进行排序，进而选出符合要求的候选区域。

鲁棒性（Robust）、实时性和召回率（Recall）是评价候选区域选择方法的一般标准。无人机侦察环境复杂导致成像过程中可能存在各种扰动，因此良好的鲁棒性和较高的召回率是保证区域选择算法在实际应用中具备高质量目标检测效果的关键。同时提升区域选择阶段的运行速度，也会降低整体目标检测过程的时耗。

2 特征提取

特征提取是目标检测中的关键步骤，其质量直接影响到最终检测结果的准确性。特征提取常用的图像特征有颜色特征、纹理特征、形状特征等。受限于无人机实际侦察条件，应用于复杂多目标背景下无人机侦察目标检测的特征提取算法应对尺度、亮度、旋转、遮挡和噪声等干扰具有较强的鲁棒性，而传统目标检测技术大部分通过人工设计提取图像特征，常见的算法有：

Harris角点检测算法[8]以泰勒展开式构建像素点邻域内的连续曲面，计算所有像素点的微商平方和，采用其中的最大值和最小值作为判断特征角点的显著性依据，该算法能将检测方向扩展到所有方向上。不足之处是计算过程复杂，且人为设定的初始阈值对算法的稳定性具有决定性作用。

SIFT（Scale Invariant Feature Transform）特征检测算法[9]是现阶段较为成熟的一种算法，首先通过高斯平滑构建高斯尺度空间，在其中进行极值点检测并将其作为特征点，经过特征点描述即可用于图像匹配。该算法对于照度变换、尺度和旋转变换、视点变化以及噪声影像都具备一定的鲁棒性，特征点区分力较好，信息量丰富，匹配的准确度较高；但由于算法需要构建尺度空间并计算全局极值，计算量大，无法满足实时要求。

HOG（Histogram of Oriented Gradient）特征检测算法[10]是一种利用局部图像梯度方向直方图特性提取图像特征的方法，能够减弱局部光照、阴影对特征提取的影响，计算像素梯度获取图像轮廓信息。首先将图像划分成多个 Cell 块，每个 Cell 块由数个像素点组成，统计 Cell 块的梯度直方图，再将数个 Cell 块组合成 Block 区域，根据密度对区域中的 Cell 块归一化，区域中所有 Cell 块的梯度特征组合成 Block 特征，同理图像中所有 Block 特征组合成图像特征，HOG 对光照和轻微形变有一定的抑制能力，可以很好地表征局部像素之间的关系。与其他传统特征提取算法相同，计算冗长导致的实时性差是该算法的主要缺陷。

SURF（Speeded up Robust Features）检测算法[11]采用 Hessian 矩阵对 SIFT 算法中高斯尺度空间构建过程进行近似处理，利用积分图像和更低维度的描述子向量简化算法体积，有效减少了计算量，弥补了 SIFT 算法运行速度缓慢的缺点。但是在采用 Hessian 矩阵获得极值后，在求取特征点主方向阶段过于依赖局部区域像素点的梯度方向，可能会造成误匹配。而且由于算法采用一种近似处理实现特征点的检测，导致其对于各种变换的鲁棒性相对下降。

之后还有许多基于 SIFT 和 SURF 改进的特征检测算法，如 BRIEF（Binary Robust Independent Elementary Features）检测算法[12]、ORB（Oriented FAST and Rotated BRIEF）检测算法[13]、BRISK（Binary Robust Invariant Scalable Keypoints）检测算法[14]、非线性特征检测的风式特征（KAZE）算法[15]，鲁棒性和实时性都有大幅提高，但是传统特征提取算法应用于无人机侦察目标检测时，鲁棒性、实时性和准确性等传统指标依然无法满足实际需求，具体表现为以下四个方面[16, 17]：

（1）提取到的特征信息过于单一，无法完整地表述目标；

（2）可分性较差，分类器无法准确地对复杂背景下的目标进行分类；

（3）泛化性不足，不同的特征适用于不同的影像数据，一般人为选取的特征都有自身特定的应用背景；

（4）特征设计工作复杂，研发周期长，且设计工作需要较强的专业

背景。

随着深度学习的不断发展，基于深度卷积神经网络[18]（Convolution Neural Network，CNN）的目标检测算法得到深入研究。在图像特征提取方面，卷积神经网络具有明显优势，区别于人工设计的特征，其利用大量图片数据学习到非人工设计的特征，解决了由于人为选取的特征信息单一导致的复杂背景下鲁棒性不强的问题，提升了影像目标检测效果。

3　分类器

分类是目标检测的核心之一，而分类器的选择是分类的重点。将特征提取中得到的特征送入分类器，判断出图像中目标类别，即基本完成目标的粗检测。图 3 所示为目标检测中分类器进行分类的过程。

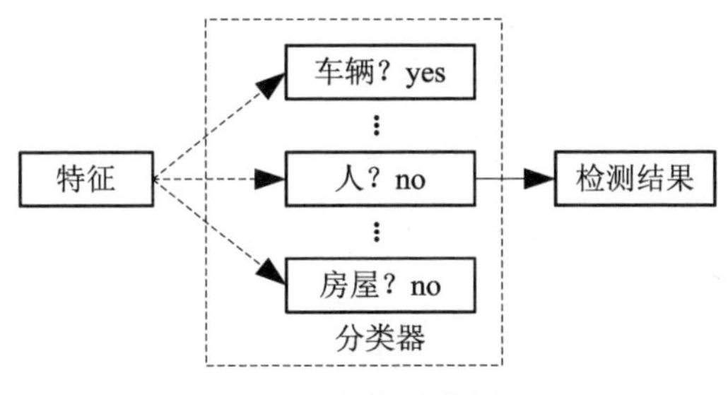

图 3　分类示意图

目标检测分类过程最常用的分类器有支持向量机（Support Vector Machine，SVM）[19]、Boosting[20]、随机森林（Random Forest，RF）[21]、人工神经网络（Artificial Neural Network，ANN）等。

SVM 分类器是以统计学习理论为基础的学习方法，根据结构风险最小化准则，以最大化分类间隔构造最优分类超平面来提高学习机的泛化能力，较好地解决了非线性、高维数、局部极小点等问题。对于分类问题，支持向量机算法根据区域中的样本计算该区域的决策曲面，由此确定该区域中未知样本的类别。传统图像目标检测中大多应用 SVM 分类器进行特征分类，然而数据敏感缺失和对非线性问题没有通用解决方案仍是该分类器亟待解决的问题。

Boosting 分类器是一种集合分类器，即通过组合几个弱分类器实现强分类器的性能。其基本思想是：训练数个弱分类器，在第一个弱分类器中输入相同权值训练样本，在之后的分类器迭代过程中，不断增加正确样本权重直到迭代完成，最后将所有弱分类器组合成强分类器用于分类决策。Adaboost（Adaptive Boosting）算法[22]具体实现了 Boosting 分类器这一思想，且具有精度高、抗过拟合能力强、构建简单灵活等优点，大量应用于包括目标特征分类等各种分类场景。弱分类器的选择是影响 Boosting 分类器分类效果的关键，也是制约其发展的阻力。

随机森林是由多个决策树分类器（Classification and Regression Tree，CART）组成的总分类器。为达到提升泛化性的目的，分类器训练过程中通过随机有放回的采样获取子分类器训练样本集，随后将提取到的特征按一定比例随机无放回的采样来训练子分类器节点。随机森林相较于其他分类器具有训练速度快、泛化能力强、实现简单等优点，且可以有效克服样本失衡、特征丢失、特征维度过高的问题。但在数据噪声较大的情况下仍会发生过拟合的问题；此外，该模型内部不可控，只能通过外部参数进行调节。

ANN 是基于人脑神经网络对信息处理分类的一种简化模拟，由大量的神经元节点连接构成，通过调整网络结构、网络连接方式、节点激活函数和节点间权值进而对输出进行调整。根据训练结构特点可分为前馈网络、反馈网络和竞争学习网络。人工神经网络通过训练具有良好的联想记忆能力，且具有高精度、高并行性、非线性、良好的容错性和泛化性等优点；不足之处是需要大量训练样本和一定的硬件基础，且需要人为经验来设置参数。

4　基于候选区域的图像目标检测框架

4.1　基于多尺度形变部件模型

多尺度形变部件模型（Deformable Part Model，DPM）[23]算法是一种基于部件的检测算法，曾多次获得 PASCAL VOC（Visual Object Class）

挑战赛冠军，是深度学习出现之前应用最广泛、效果最好的目标检测算法。DPM 由滑动窗口、改进的 HOG 特征和 SVM 分类器组合而成，如图 4 所示。

图 4　DPM 流程

DPM 算法通过构建高斯金字塔，在多尺度空间进行检测，每一尺度层的 DPM 模型包含一个根模型和几个可变部件模型，根模型的分辨率是可变部件模型的 1/2。目标检测的结果由模型与待匹配特征之间的相似度确定，相似度越高则检测分数越高，检测窗口得分公式为

$$\text{score}(x_0, y_0, l_0) = R_{0, l_0}(x_0, y_0) + \sum_{i=1}^{n} D_{i, l_0-1} + b \tag{1}$$

其中，$\text{score}(x_0, y_0, l_0)$ 表示 l_0 尺度空间中锚点为 (x_0, y_0) 窗口的分数；$R_{0, l_0}(x_0, y_0)$ 为 l_0 中根模型相似度得分；$\sum_{i=1}^{n} D_{i, l_0-1}$ 为 l_0 中多个可变部件模型得分和；b 为偏差值。

DPM 目标检测框架具有以下优势：

（1）采用高斯金字塔多尺度空间检测，保证了尺度不变性；

（2）HOG 特征提取算法对光照变化、细小形变具有较好的鲁棒性；

（3）部件模型的提出降低了遮挡、形变等因素对目标检测的影响。

4.2　基于卷积神经网络

基于卷积神经网络的目标检测框架有很多，而基于候选区域的卷积神经网络目标检测框架起步最早、应用最成熟，且具有较高的准确率，其中具有代表性的是 RCNN[24]，具体步骤如下：

（1）候选区域检测阶段：应用上文介绍的 Selective Search 算法对侦察影像进行区域选择；

（2）特征提取阶段：将提取的所有候选区域进行归一化处理，通过训练过的深度卷积神经网络进行特征提取；

（3）分类阶段：将特征输入多个 SVM 二分类器中，判断是否属于该类别。

随着深度学习结构的不断优化，学者们将卷积神经网络贯穿包括特征提取在内的整个基于候选区域的目标检测过程中，先后出现了 SPP-Net[25]、Fast-RCNN[26]、Faster-RCNN[27]等框架，大大提高了目标检测的实时性、鲁棒性和准确性。

5 结束语

针对无人机侦察影像目标检测问题，本文提供了一种基于候选区域的无人机侦察影像目标检测思路，对其三个主要步骤，即候选区域检测、特征提取、分类器展开了分析与总结，最后归纳了两种主流的基于候选区域的目标检测框架。理论分析表明，该方法具有较强的实用性与应用价值，为无人机侦察影像目标检测算法的研究与改进提供了理论研究基础。下一步将对框架中各步骤介绍的算法进行试验对比，提出一种快速鲁棒的无人机侦察影像目标检测算法。

参考文献

[1] Bhanu B, Dudgeon D E, Zelnio E G, et al. Guest editorial introduction to the special issue on automatic target detection and recognition [J]. IEEE Transactions on Image Processing, 1997, 6 (1).

[2] Jan Hosang, Rodrigo Benenson, Piotr Dollar, et al. What makes for effective detection proposals [C] //IEEE Transactions on Pattern Analysis & Machine Intelligence, 2016, 38 (4).

[3] Van D S, Uijlings J R R, Gevers T, et al. Segmentation as selective search for object recognition [C] // IEEE International Conference on Computer Vision, IEEE, 2011.

[4] Uijlings J R R, Sande K, Gevers T, et al. Selective search for object recognition [J]. International Journal of Computer Vision, 2013, 104 (2).

[5] Zitnick C L, Dollár P. Edge boxes: locating object proposals from edges [M]. Computer Vision - ECCV 2014, Springer International Publishing, 2014.

[6] Arbelaez P, Ponttuset J, Barron J, et al. Multiscale combinatorial grouping [C] // IEEE Conference on Computer Vision and Pattern Recognition, IEEE, 2014.

[7] Dollár P, Zitnick C L. Structured forests for fast edge detection [C] // IEEE International Conference on Computer Vision, IEEE, 2013.

[8] Smith S M, Brady J M. Susana-a new approach to low level image processing [J]. International Journal of Computer Vision, 1977, 2 (1).

[9] Lowe D G. Distinctive image features from scale-invariant keypoints [J]. International Journal of Computer Vision, 2004, 60 (2).

[10] Dalal N, Triggs B. Histograms of oriented gradients for human detection [C] // IEEE Conference on Computer Vision & Pattern Recognition, 2005.

[11] Bay H, Ess A, Tuytelaars T, et al. Speeded-up robust features [J]. Computer Vision & Image Understanding, 2008, 110 (3).

[12] Calonder M, Lepetit V, Ozuysal M, et al. Brief: computing a local binary descriptor very fast [J]. IEEE Transactions on Pattern Analysis & Machine Intelligence, 2011, 34 (7).

[13] Rublee E, Rabaud V, Konolige K, et al. Orb: an efficient alternative to SIFT or SURF [C] // IEEE International Conference on Computer Vision, IEEE, 2011.

[14] Leutenegger S, Chli M, Siegwart R Y. Brisk: binary robust invariant scalable keypoints [C] // International Conference on Computer Vision, IEEE Computer Society, 2011.

[15] Alcantarilla P F, Bartoli A, et al. KAZE features [C] // European Conference on Computer Vision, Springer-Verlag, 2012.

[16] 蔡强，魏立伟，李海生，等. 基于 ANNet 网络的 RGB-D 图像的目标检测 [J]. 系统仿真学报，2016，28 (9).

[17] 李旭冬，叶茂，李涛. 基于卷积神经网络的目标检测研究综述 [J]. 计算机应用研究，2017，34 (10).

[18] Lecun Y, Bottou L, Bengio Y, et al. Gradient-based learning applied to document recognition [J]. Proceedings of the IEEE, 1998, 86 (11).

[19] Cortes C, Vapnik V. Support-vector networks [J]. Machine Learning, 1995, 20 (3).

[20] Schapire R E. The strength of weak learnability [M]. Kluwer Academic Publishers, 1990.

[21] Breiman L. Random forest [M]. Betascript Publishing, 2010.

[22] Huang G B, Zhu Q Y, Siew C K. Extreme learning machine: a new learning scheme of feed forward neural networks [C] // In Proceedings of International Joint Conference on Neural Networks, 2004.

[23] Felzenszwalb P F, Girshick R B, Mcallester D, et al. Object detection with discriminatively trained part-based models [J]. IEEE Transactions on Pattern Analysis & Machine Intelligence, 2010, 32 (9).

[24] Girshick R, Donahue J, Darrell T, et al. Rich feature hierarchies for accurate object detection and semantic segmentation [C] // The IEEE Conference on Computer Vision and Pattern Recognition , 2014.

[25] He K, Zhang X, Ren S, et al. Spatial pyramid pooling in deep convolutional networks for visual recognition [J]. IEEE Transactions on Pattern Analysis & Machine Intelligence, 2015, 37 (9).

[26] Girshick R. Fast R-CNN [C] // IEEE International Conference on Computer Vision, IEEE Computer Society, 2015.

[27] Ren S, He K, Girshick R, et al. Faster R-CNN: towards real-time object detection with region proposal networks [J]. IEEE Transactions on Pattern Analysis & Machine Intelligence, 2017, 39 (6).

反辐射无人机与反辐射导弹作战能力对比分析

刘培宾　盛怀洁

本文对反辐射无人机和反辐射导弹的发展历程进行了概述，并对它们的作战能力进行了对比，分析了各自的作战优势。在此基础上，总结提出了反辐射无人机在作战中适合于执行对敌防空压制任务，而反辐射导弹主要用于载机突防时的自卫，使载机免受敌防空武器的攻击以及摧毁敌方干扰源，保证己方电子设备正常工作等场合，具有较强的实时攻击能力。对反辐射无人机与反辐射导弹的应用前景进行了展望。

引言

在抗击、抵御雷达目标的众多作战行动中，反辐射攻击是利用反辐射武器截获和跟踪敌方雷达等电磁辐射信号从而直接将其摧毁的战术技术行动。作为一种主动进攻的电子战手段，反辐射武器不但可以攻击传统的雷达等脉冲辐射源，也可以攻击通信系统和其他大型干扰辐射源。反辐射无人机和反辐射导弹（空地反辐射导弹）作为反辐射武器家族的重要成员，是信息化战场联合作战御敌防空的重要武器，追溯其发展历程，研究它们的作战对象、战技性能和作战能力，对于指挥员在作战运用中扬长避短、发挥武器装备的优势，予敌致命打击是非常必要的。

1 反辐射无人机与反辐射导弹发展历程

1.1 反辐射导弹

反辐射导弹作为一种利用敌方电磁辐射源发出的信号进行自引导、跟踪并摧毁该辐射源的反辐射武器，发展至今，已历经四代。以美军为例，1963 年，为保障在越南战争中的空袭行动，美军在“麻雀”Ⅲ空空导弹的基础上成功研制出第一代反辐射导弹“百舌鸟”（AGM-45），主要攻击敌方的炮瞄雷达和地空导弹制导雷达，取得了明显的效果。但“百舌鸟”威力小、抗雷达关机能力较差。为克服这些缺点，美军研制了第二代反辐射导弹“标准”（AGM-78），主要是采用了记忆电路，初步具备了一定对付目标雷达突然关机的能力，而且其战斗部杀伤威力也比“百舌鸟”提高 2 倍，但其结构复杂、比较笨重，影响飞机的装载，已于 20 世纪 70 年代末停产。第三代反辐射导弹“哈姆”（AGM-88）于 20 世纪 80 年代装备部队（图 1），“哈姆”的主要特点是：导引头频带宽，威力大，采用复合制导，射程远，精度高，抗干扰性能好。历经发展，“哈姆”导弹有六种型号，在近几次战争的使用中均取得良好战果，比如在 2003 年的伊拉克战争中“哈姆”反辐射导弹多次使用，为美军夺取制空权发挥了巨大的作用。近些年，世界上其他各国也都在大力发展反辐射导弹，其中典型的代表有英国的“阿拉姆”（ALARM）反辐射导弹、法国的“阿玛特”（ARMAT）反辐射导弹等。

当前，美军正在大力发展第四代反辐射导弹，又称为“先进反辐射导弹”（AARGM），以对付21世纪更复杂的电子战环境。第四代反辐射导弹具有以下特点：一是工作带宽大大拓宽，攻击范围更广，导引头频率覆盖范围扩展到0.1～40 GHz，不仅能攻击固定雷达站，也能攻击运动中的雷达平台，并能有效对付相控阵、连续波等新体制雷达。二是采用全球定位系统（GPS）制导、惯性制导、雷达被动寻的、电视或红外制导相结合的复合制导方式，将大大提高抗双点源干扰、诱偏干扰的能力；三是采用隐身技术，减小雷达截面积和降低红外特征，提高其空间生存能力；四是速度更快，射程更远，使敌方雷达没有充足时间采取相应的对抗措施。

图1　AGM-88E 反辐射导弹

反辐射导弹发展至今，已由单一的空地型向空舰、舰舰、舰空、地地、地空型发展，在各个场合发挥更大的威力。

1.2　反辐射无人机

反辐射无人机是综合反辐射导弹和无人驾驶飞机的长处并加以改进而研制出来的新一代武器[2]。尽管反辐射导弹已成为主要的反辐射攻击武器，但是反辐射导弹在空中飞行时间短，只能攻击预先侦察到的固定目标，找不到目标便自行销毁，因此反辐射导弹无法对敌方雷达网进行持续压制，大大降低了反辐射攻击的效果。在这种背景下，20世纪70年代，美国和联邦德国联合提出“蝗虫”（LOCUST）计划，旨在研制一种体积小、造价低的无人机，用于压制敌方防空雷达，但因资金不足而终止。到了20世纪80年代，由于在过往几次中东战争中，以色列的飞机大多被地空导弹击落，因此，在以色列军方强烈需求的推动下，以色列也开始秘密研制反辐射无人机，并命名为“哈比”（HARPY）。1997年的巴黎航展上，“哈比”一经亮相便因其独特的工作方式引起各方的极大关注（图2）。此后，世界上其他国家也都开始研制反辐射无人机，其中典型代表有美国的“勇敢者”、德国的“达尔及”南非的“云雀”等。

与目前广泛用于侦察、通信等用途的无人机不同，反辐射无人机集无人机和导弹技术于一体，是一种利用敌方雷达等辐射源辐射的电磁波信号搜索、跟踪并摧毁敌方辐射源的自主武器系统。它是一种特殊的无人攻击机，也可以看成是一种具有巡航能力的反辐射导弹。

图2　“哈比”反辐射无人机

美军认为，无人机是潜入敌重点防空区域内攻击防空雷达、指挥控制系统及其他设备的最佳平台[2]。未来，随着无人机及其操控技术、精确弹药技术等的进步，反辐射无人机将朝着滞空时间更长、飞行速度更快、隐身能力更好、毁伤能力更强的方向发展。另外，人工智能技术、无线宽带通信技术等的运用，有望实现反辐射无人机集群化编组作战，形成更加智能化的“狼群”攻击效应，或与其他种类无人机及动能打击武器形成更加强大的协同作战能力。

2 反辐射无人机与反辐射导弹作战能力对比

反辐射无人机和反辐射导弹作为反辐射武器的重要组成部分，两者都是利用被动导引头对敌方的辐射源进行定位、跟踪，并引导攻击。但由于作战技术性能指标的不同，决定了两者在作战运用中必须加以区别，才能发挥各自最大的作战效能。下面将着重从设计思想及作战目标、使用时机及作战方式和作战能力三个方面来分析两者的不同点。

2.1 设计思想及作战目标

反辐射导弹设计之初是为了掩护空军的空袭行动，主要打击敌方的炮瞄雷达和地空导弹雷达。发展至今，它的作用不仅仅是摧毁敌方防空系统的雷达夺取制空权，更多的是用于载机的自卫以及摧毁敌方干扰源（比如敌方的电子战飞机），使己方电子设备免受干扰。可见，反辐射导弹的作战目标除了雷达、通信等辐射源外，还包括敌方的电子干扰设备在内的电子对抗装备，在战时，会给敌方的雷达和电子对抗装备操作人员带来极大的心理压力。而反辐射无人机是由反辐射导弹发展而来，用来弥补反辐射导弹飞行时间短、巡航能力弱等不足，并且由于其远程攻击能力强、对敌方雷达等辐射源压制时间长、高效费比等独特优势迅速发展起来，大有取代反辐射导弹占据反辐射武器家族主导地位之势。

2.2 使用时机及作战方式

反辐射导弹飞行速度快、毁伤能力强，适合挂载于战斗攻击机或电子战飞机上，在突防时执行对敌防空武器摧毁任务，以“哈姆”为例，根据不同作战目标和任务，该导弹一般有自卫、随机和预编程三种作战方式。而反辐射无人机由于飞行速度较慢、自卫能力弱、杀伤力不足等缺点，适合于在敌方防空能力下降之后，执行对敌防空武器的压制任务，以充分发挥其滞空时间长、高效费比的优势，给敌方雷达等设备的操作人员以巨大的心理压力，降低它们的作战效能。反辐射无人机飞行速度慢，需要提前发射飞至目标区域，根据预先规划好的任务航线实现对敌方雷达等辐射源的持续压制，其任务过程较反辐射导弹复杂[5]。

2.3 作战能力

反辐射无人机与反辐射导弹作战能力的不同主要表现在以下几个方面：

（1）反辐射无人机远程攻击能力强于反辐射导弹。反辐射无人机具有较长的滞空时间，可以在敌防空系统覆盖范围之外发射，依靠导航设备飞至目标区域。例如，“哈比”的作战半径为400～500 km，而反辐射导弹的射程仅为几十千米；“哈姆”低空射程为25 km，高空射程为80 km，需要载机进行抵近发射，大大限制了其攻击距离。

（2）反辐射无人机对敌方辐射源的压制能力远远大于反辐射导弹。反辐射导弹飞行速度快，基本不具备巡航能力，难以实现对敌方辐射源的持续压制；相比之下，反辐射无人机其滞空时间大于4 h，可以持续压制敌方的雷达等辐射源，对敌方雷达等操作人员起到震慑作用。

（3）反辐射无人机突防能力远远不及反辐射导弹。反辐射无人机飞行速度较慢、飞行高度低，给敌方的预警雷达较长的反应时间，很容易被敌防空火力摧毁；而反辐射导弹可以随载机超低空突防并采用低空攻击方式对敌方辐射源进行打击，并且反辐射导弹的飞行速度可以达到马赫数3.5，远远大于反辐射无人机的250 km/h，使敌方防空系统无法在这么短的时间内进行有效拦截。

（4）反辐射无人机对目标毁伤能力远远小于反辐射导弹。“哈姆”的战斗部为质量68 kg的WDU37/B，内装12 845颗直径4.76 mm的预制杀伤钨球，杀伤半径为25 m左右，能攻击和摧毁有硬防护结构的雷达目标；相比之下，“哈比”的战斗部为质量仅有约15 kg的高能炸药（精确度误差约为5 m），作战威力十分有限。

（5）反辐射无人机对发射条件的要求远远低于反辐射导弹。反辐射无人机不需要专门的发射跑道，可在卡车上发射，作战使用方便灵

活；相比之下，反辐射导弹发射前要用载机上的侦察设备测定目标辐射源的参数，为了提高反辐射导弹的实时打击效果，发射载机都必须配备相应的高精度辐射源探测系统，所以反辐射导弹对发射条件尤其是载机的要求十分高。

根据以上几个方面的对比分析可知，反辐射无人机与反辐射导弹各有自己的作战优势，反辐射无人机适合于执行对敌防空压制任务，即对敌方雷达等辐射源进行持续压制，给敌方雷达等装备操作人员造成巨大心理压力，从而不敢轻易开机。而反辐射导弹由于挂载量有限（一架载机通常携带两枚反辐射导弹），适合用于载机的自卫，使载机免受敌防空武器的攻击以及摧毁敌方干扰源，使己方电子设备免受干扰等场合以协助航空兵突防，具有较强的实时攻击能力。除此之外，反辐射无人机效费比远远高于反辐射导弹，作战使用更加灵活，更易实现大批量、集群化使用，形成“狼群”攻击效应。

3 反辐射无人机与反辐射导弹应用前景展望

2017 年 9 月，BAE 系统公司、洛·马公司与美国空军研究实验室、DAPRA 合作，将有人驾驶的战斗机和无人机组队，进行为期 11 天的测试，包括现场和模拟的七次飞行，以演示有人/无人协同作战（图 3）。

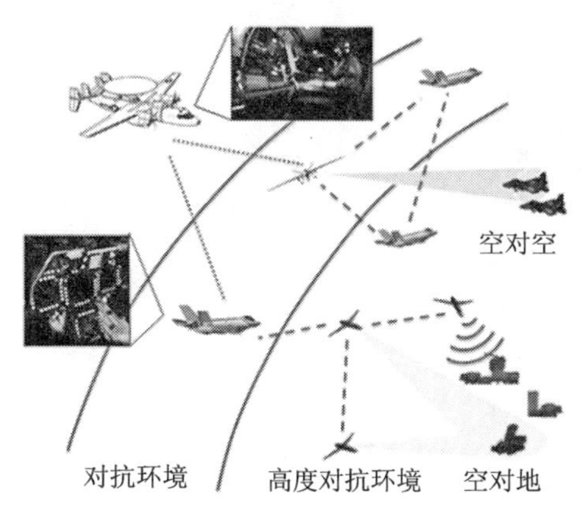

图 3 有人/无人机编组在干扰条件下作战示意图

可以推断，未来战争将是无人、无形、无声的“三无”战争，反辐射无人机作为无人化武器的代表，随着飞行速度的加快、滞空时间的加长、智能化水平的提高，将作为无人化武器的一部分，与挂载反辐射导弹的有人战斗机一起实现有人/无人协同空对地作战，使两者互为补充，提高反辐射攻击的效果。在作战中，以有人平台为指挥中心，每组配备数个具有不同作战能力的无人机平台，机上飞行员确保无人机安全运行，并实现有人/无人协同作战。作战协同的关键在于实现有人机与无人机之间的实时通信，做到有人机可以实时分配无人机作战任务，并且无人机可以实时反馈任务执行情况。

有人/无人协同作战作为目前有人化武器作战向未来完全无人化武器作战的过渡形式，为反辐射无人机与反辐射导弹实现作战协同提供了重要的参考，有利于提高反辐射武器的整体作战效能。

4 结束语

发展先进反辐射武器既是军队信息化建设的需求，更是国家安全的急需。而反辐射无人机和反辐射导弹作为反辐射武器家族的重要成员，作战能力有很大的不同，作战指挥员在作战中必须要加以区别，才能最大限度发挥它们的作战效能。

参考文献

[1] 侯印鸣. 综合电子战 [M]. 北京：国防工业出版社，2002.

[2] 余巍，王小念. 美军反辐射武器现状及发展趋势分析 [J]. 科技信息，2010 (20).

[3] 周颖. 雷达的克星——反辐射无人机 [J]. 军事文摘，2017 (20).

[4] 周颖. 反辐射武器攻防对抗理论与试验 [M]. 北京：电子工业出版社，2012.

[5] 姜峰. 反辐射无人机的优势和作战使用 [C]. 中国电子学会电子对抗分会第十一届学术年会论文集 (上)，1999.

[6] 王定明. 未来战争趋势 [J]. 中外管理，2018 (1).

[7] 华阳，徐敬，周常尧，等. 以色列哈比无人机的现状与发展 [J]. 飞航导弹，2006 (9).

[8] 刘箴，符新军. 先进机载反辐射导弹综述及发展趋势 [J]. 飞航导弹，2016 (6).

多站协同对机载雷达的干扰压制空域研究

董豪豪　刘雅奇　齐　锋

本文针对传统平面二维干扰压制区量化图难以表现出不同高度维上干扰压制区变化的问题，通过分析地对空雷达干扰站对抗机载雷达的空间关系，建立了多站协同干扰机载雷达的三维干扰压制空域模型和机载雷达天线模型，并计算了对常规脉冲雷达和脉冲多普勒雷达的干扰压制系数。通过仿真计算，得到了不同干扰站配置距离、对不同体制机载雷达干扰情形下的干扰压制空域，直观反映出不同情形下的干扰效果。仿真结果可用于地对空雷达干扰系统的干扰效能评估和实战运用。

引　言

纵观近年来几场高技术局部战争，空袭都扮演着重要的角色。特别是随着空对地电子信息系统的快速发展，空袭作战的效能得到空前提高。空天袭击已经开始独立承担了对战争胜负起重要影响的战略、战役任务，彰显出较大的战争效益[1]。在未来局部战争中，空袭作战仍将以很高的频率出现。这使得防空作战面临更加严峻的任务，其地位作用也显得更为重要。现代空袭兵器依靠其搭载雷达系统，例如机载轰炸瞄准雷达、导弹制导雷达和雷达导引头，使用航空炸弹或空地制导导弹对地面目标实施攻击。

作为防空系统的组成部分，地对空雷达干扰系统可以有效削弱空袭兵器雷达的搜索、跟踪和制导能力，从而降低炸弹或空地制导导弹的命中率，发挥着重要的作用。但由于空袭兵器挂载雷达种类多，空袭兵器的来袭方向不确定的特点，往往需要多个地对空雷达干扰站协同对其干扰。为了更好地运用、部署地对空雷达干扰站，就需要量化其干扰效果、干扰压制区量化指标。

文献［2］考虑杂波影响因素，建立了杂波组合干扰下，单站对雷达的平面干扰压制区。文献［3］考虑多站协同干扰情形，分析空间功率合成时的不同相位，建立了地面多干扰站对机载火控雷达的平面二维干扰压制区。文献［4］以地面干扰站为中心，建立了单站和多站对机载雷达的干扰掩护区，但得到的干扰掩护区未考虑空袭飞机的动态性，是在飞机某一确定时刻位置，得到了平面二维干扰压制区，文献［3，4］均未考虑机载雷达工作体制的差异性。文献［5］考虑了干扰场景的空间性，分析了预警雷达天线的方位、俯仰面方向图，得到单架电子战无人机对警戒雷达的二维干扰暴露区。文献［6-8］基于不同场景，建立了对雷达的干扰压制区，同样得到的都是平面二维压制区。

综上可以看出，目前对雷达干扰压制区的研究均是传统的平面二维量化图，并且未考虑雷达工作体制的差异性。而在实际环境中，干扰压制区是一个三维空域，传统的平面二维量化图难以表现出不同高度维上干扰压制区域的变化，因而无法精确量化干扰效果。此外，雷达工作体制的不同，对其干扰产生效果也是不同的。基于此，本文提出了干扰压制空域量化指标。针对空袭兵器雷达的多样性和干扰压制空域的立体空间性问题，考虑了机载雷达工作体制的差异及其天线的空间方向图。针对单站难以掩护多个方位的情况，考虑了不同配置下，多站协同对空袭兵器雷达实施干扰的情形，分别进行仿真计算。

1　对机载雷达的干扰压制系数

脉冲多普勒（PD）雷达通过测量回波的多普勒频率，可以把目标从强杂波背景中检测出来，使机载雷达具有下视能力，从而广泛应用于机载平台。目前，机载 PD 雷达还广泛运用了不同雷达的技术优点，如运用脉冲压缩技术实现高距离分辨率；运用脉冲多普勒锐化技术实现高方位分辨率；运用多普勒处理技术（合成孔径技术）实现高分辨率地图测绘[9]；运用多模式脉冲多普勒技术（相控阵雷达技术）实现多目标跟踪、远作用距离、快速识别目标、自适应抗干扰、高可靠性、高数据率以及同时完成目标搜索、识别、捕获和跟踪等多种功能[10]。因此，选取机载 PD 雷达作为研究对象。

为了建立对机载雷达的三维干扰压制空域，首先需要计算对 PD 雷达的干扰压制系数。由文献［11］可知，对常规脉冲雷达的干扰方程为

$$\frac{P_j G_j R_t^4}{P_t G_t R_j^2} \cdot \frac{4\pi\gamma_j L_j \Delta f_r}{\sigma L_d \Delta f_j} \cdot \frac{G_t(\theta)}{G_t} \geqslant k_{j0} \tag{1}$$

式中，$P_j G_j$ 为等效干扰功率；$P_t G_t$ 为等效雷达发射功率；R_t 为雷达到目标的距离；R_j 为干扰机到雷达的距离；Δf_r 为雷达接收机带宽；Δf_j 为干扰机带宽；$G_t(\theta)$ 为雷达天线在干扰机方向的增益；L_j 为干扰机馈线损耗和大气损耗；L_d 为雷达馈线损耗和大气损耗。

由雷达方程可知，回波信号功率为

$$P_r = \frac{P_t G_t^2 \lambda^2 \sigma}{(4\pi)^3 R_t^4} \tag{2}$$

脉冲多普勒雷达在信号处理时，考虑脉冲遮挡和距离相接跨越以

及多普勒滤波器的影响，得到接收机输入端功率为[12]

$$S = P_r \frac{d_G}{d_s^2} B_n = \frac{P_t G_t^2 \lambda^2 \sigma}{(4\pi)^3 R_t^4} \frac{d_G}{d_s^2} B_n \tag{3}$$

式中，d_s 为回波脉冲占空比，$d_s = T_s \cdot f_r$，T_s 为发射遮挡后的脉冲宽度，f_r 为脉冲重复频率；d_G 为距离门的占空比系数，$d_G = T_G \cdot f_r$，T_G 为雷达距离波门宽度；B_n 为单个脉冲多普勒雷达窄带滤波器带宽。

脉冲多普勒雷达受到的干扰功率为

$$N = \frac{P_j G_f \lambda^2 G_t(\theta) B_m}{(4\pi)^2 R_j^2} \tag{4}$$

式中，B_m 为干扰机频谱带宽。

对脉冲多普勒雷达的干扰方程可表示为

$$\frac{P_j G_j R_t^4}{P_t G_t R_j^2} \cdot \frac{4\pi \gamma_j L_j \Delta f_r}{\sigma L_d \Delta f_j} \cdot \frac{G_t(\theta)}{G_t} \cdot \frac{d_s^2 B_m}{d_G B_n} \geqslant k_{j0} \tag{5}$$

对比式（1），对 PD 雷达的压制系数可以写为

$$k_{jPD} = k_{j0} \frac{d_s^2 B_m}{d_G B_n} = k_{j0} f_r \frac{T_S^2 B_m}{T_G B_n} \tag{6}$$

2 多站协同干扰压制空域模型

2.1 干扰压制空域模型

在要地防空中，由于敌空袭飞机的来袭方向不确定，为了更好地掩护地面重要目标，通常以环形配置方式在目标周围部署多个干扰站，由地面指挥控制站引导多个干扰站协同干扰来袭飞机。多站协同干扰来袭飞机的空间几何关系如图 1 所示。

被保护地面目标中心位于原点 O，干扰站 A_i 与目标中心的距离为 r。设 X 正半轴为 0°方位角，干扰站 A_i 部署的方位角为 θ_i。空袭飞机 B 与目标连线在地面投影的方位角为 θ，空袭飞机 B 与目标连线的仰角为 φ，空袭飞机在地面的投影为 B'。干扰站 A_i 天线轴向与空袭飞机雷达天线轴向夹角为 $\angle OBA_i$，$\angle OBA_i = \Phi_i$。空袭飞机 B 到目标的距离为 R_t，到干扰站 A_i 的距离为 R_{ji}。根据图 1 的空间位置关系，建立的数学模型为

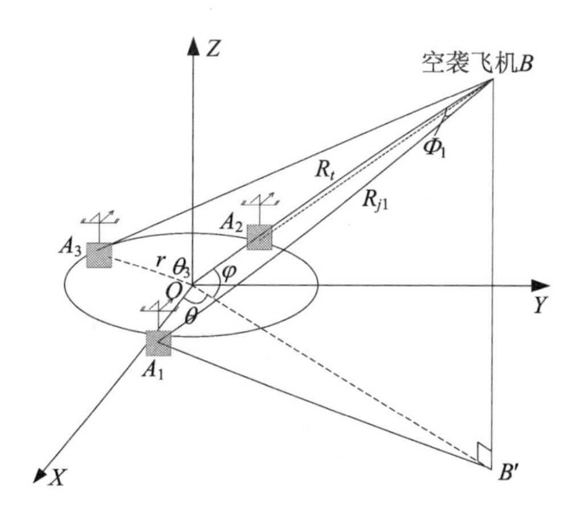

图 1　空间几何关系图

$$\begin{cases} k_j \leqslant \dfrac{4\pi R_t^4}{P_t G_t \sigma L_d} \cdot \sum\limits_{i=1}^{N} \left(\dfrac{P_{ji} G_{ji}}{R_{ji}^2} \dfrac{G_t(\Phi_i)}{G_t} \dfrac{\gamma_{ji} L_{ji} \Delta f_r}{\Delta f_j} \right) \\ \Phi_i = \arccos\{(R_t^2 + R_{ji}^2 - r^2)/(2R_t R_{ji})\} \\ R_{ji} = \sqrt{A_i B'^2 + BB'^2} \\ BB' = R_t \sin\varphi \\ A_i B'^2 = r^2 + R_t^2 \cos^2\varphi - 2rR_t \cos\varphi \cos(\theta - \theta_i) \end{cases} \tag{7}$$

由模型可以得到 R_t 与变量组(θ, φ) 的关系式,通过一定的步长遍历变量 θ、φ, 得到整个空域内 R_t 解的集合, 即可得到多站协同对机载雷达干扰的三维干扰压制空域。

2.2　机载雷达天线模型

由式 (7) 可知, 为了计算三维干扰空域模型, 还需建立机载雷达天线方向图模型。真实的雷达天线方向图只能通过实测获得, 为了计算方便一般采用等效替代的方法。常见的机载雷达大都采用抛物面反射天线和平面阵列天线, 以场强计的这两种天线的增益方向图函数可以用 sinc 函数近似[13,14]。利用 sinc 函数建立天线方向图模型为

$$G(\Phi) = G_0 \mathrm{sinc}^2\left(\frac{D\pi}{\lambda}\sin\Phi\right) \tag{8}$$

式中，G_0 为天线主瓣增益；$D = Nd$，N 为阵元数，d 为阵元间距；Φ 为偏离天线轴向的角度。设 $N = 40$，$d = 0.015$，$G_0 = 30$ dB，得到天线增益方向图如图 2 所示。

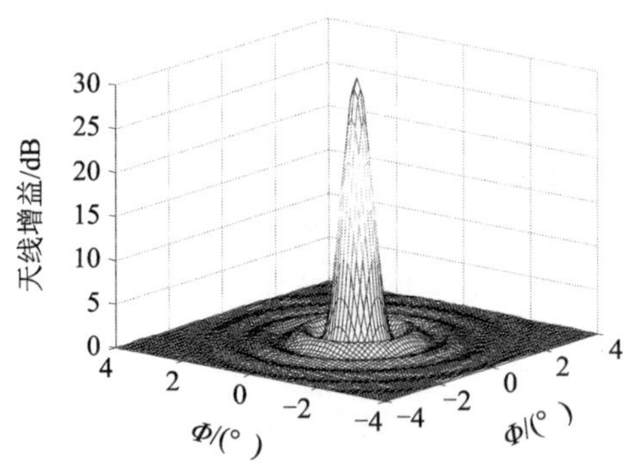

图 2　雷达天线三维模型

3　仿真分析

假设地对空雷达干扰系统有三个干扰站，并以环形配置的方式部署在被保护目标周围，三个干扰站配置的方位角依次为：0°，120°，240°。地面被保护目标的雷达反射截面积为 10^4 m^2。干扰站的干扰机参数如表 1 所示。

表 1　干扰机参数

干扰机参数	参数值	干扰机参数	参数值
发射功率/W	100	带宽/MHz	50
天线增益/dB	35	总损耗/dB	6
极化损耗	0.5		

（1）若机载雷达为常规脉冲雷达，设雷达发射功率为 20 kW，接收机带宽为 10 MHz，波长为0.03 m。对常规脉冲雷达的压制系数取 3。取干扰站与目标中心的配置距离分别为 3 km、5 km，由式（7）得到的仿真结果分别如图 3、图 4 所示。

如图 3、图 4 所示，边界以内空域为暴露空域，边界以外空域为干扰压制空域。由于所采用的雷达天线模型存在副瓣零点，边界呈锯齿状。分析仿真结果可知，在干扰站配置方位，干扰暴露空域呈凹陷状，即当干扰站配置在敌空袭飞机来袭方向时，干扰效果更好，该仿真结果也与实际相符合。对比图3、图4可知，$r=3$ km时最大干扰暴露距离近20 km，而$r=5$ km时最大干扰暴露距离近30 km，即干扰站与目标中心的配置距离越大，干扰暴露空域越大，越不利于对地面重要目标的掩护。

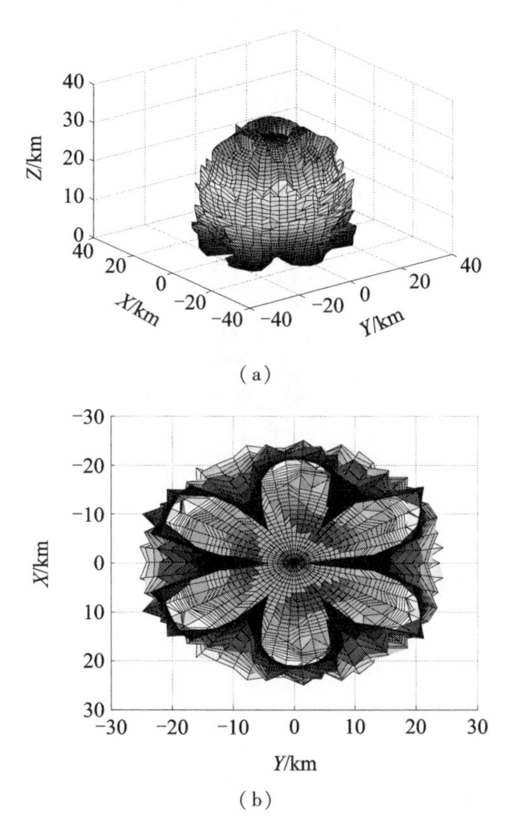

图3　$r=3$ km时干扰压制区仿真图

（a）正视图；（b）仰视图

（2）若机载雷达为PD雷达，取T_S为0.5 μs，T_G为1 μs，f_r为80 kHz，B_n为1 kHz，B_m为100 kHz，其余参数同上。根据式（6）和式（7）得到对PD雷达的干扰压制空域仿真结果，分别如图5、图6所示。

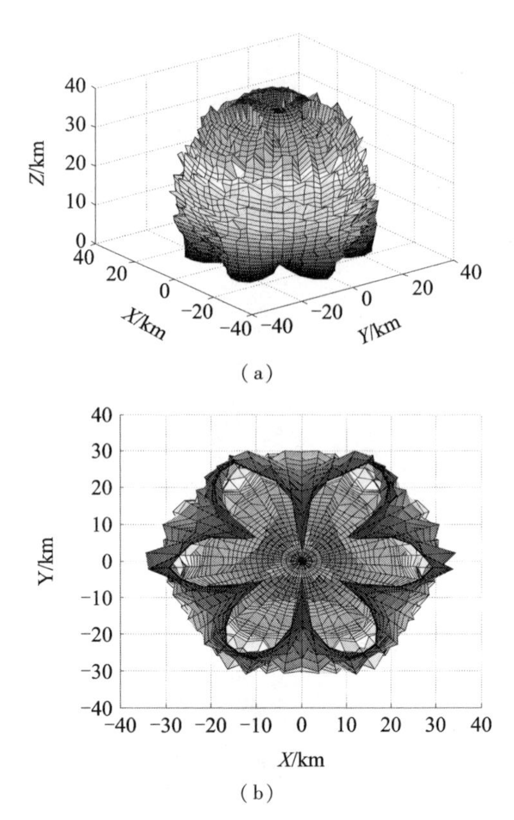

（a）

（b）

图 4　$r = 5$ km 时干扰压制区仿真图

（a）正视图（b）仰视图

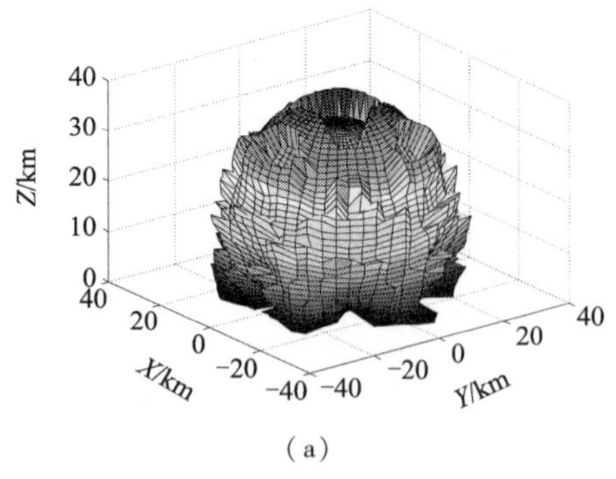

（a）

图 5　$r = 3$ km 时干扰压制区仿真图

（a）正视图

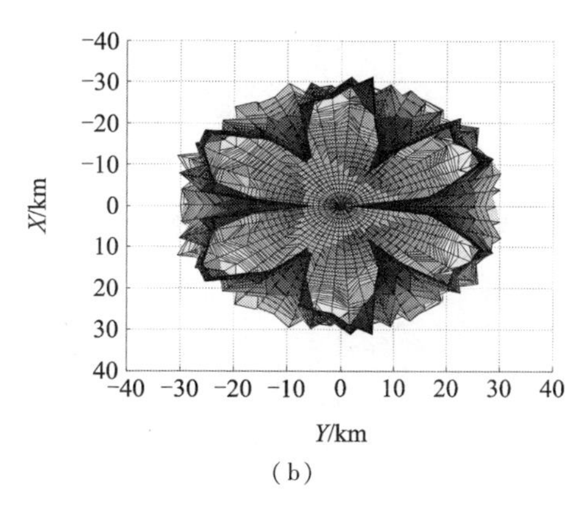

(b)

图 5　r = 3 km 时干扰压制区仿真图（续）

（b）仰视图

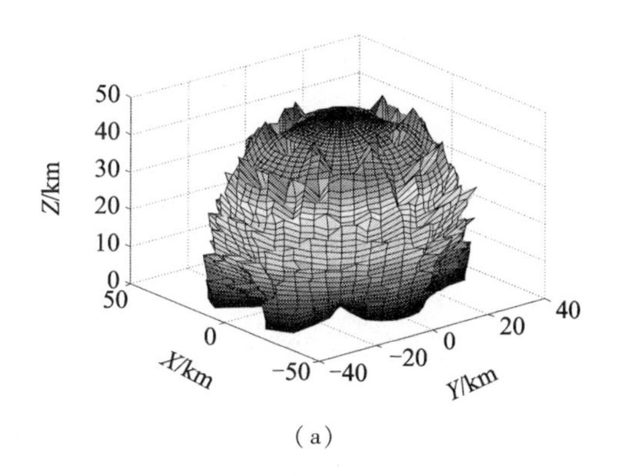

(a)

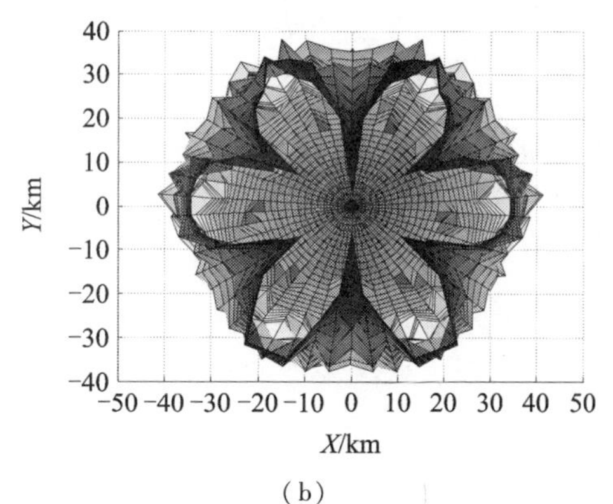

(b)

图 6　r = 5 km 时干扰压制区仿真图

（a）正视图；（b）仰视图

对比图 5、图 6 可知，r = 3 km 时，对 PD 雷达的最大干扰暴露距离近 25 km，而 r = 5 km 时，对 PD 雷达的最大干扰暴露距离近 35 km。即对 PD 雷达干扰时，干扰站与目标中心的配置距离越大，干扰暴露空域越大，与对常规脉冲雷达干扰压制得到的结论相同。

对比图 3 和图 5，对常规脉冲雷达的最大干扰暴露距离约为 20 km，而对 PD 雷达的最大干扰暴露距离约为 25 km。在相同的干扰站配置距离下，对 PD 雷达的干扰暴露空域明显大于对常规脉冲雷达干扰的情形，对机载 PD 雷达的防空难度更大。分析如下：由式（6）可知，PD 雷达信号处理时，受多普勒滤波以及脉冲遮挡、距离跨越效应等因素影响，相同条件下，折算出对 PD 雷达的干扰压制系数大于对常规脉冲雷达的干扰压制系数，即相同条件下，对 PD 雷达的干扰压制难度更大。因此在实际作战中，当探明来袭飞机搭载雷达为 PD 体制雷达时，地对空雷达干扰站应增大干扰功率，或者增加干扰站数量（提高合成干扰功率）；若干扰站的数量、发射功率固定，可以适当减小干扰站与被保护目标的配置距离，增强对 PD 雷达的干扰压制。

4 结束语

本文针对地面多干扰站协同对机载雷达干扰的问题，引入雷达工作体制的差异性，建立了三维干扰压制空域模型。解决了传统的平面二维量化图不够直观、无法体现空域变化的问题。仿真分析表明，对同一体制的机载雷达干扰时，干扰站配置距离愈小，干扰压制空域愈大；相同配置距离下，对常规脉冲机载雷达的干扰压制空域明显大于对 PD 机载雷达的干扰情形。仿真结果可对于量化地对空雷达干扰系统干扰效能和指导地对空雷达干扰站的运用提供参考。但该计算模型得出的结论是在各地对空雷达干扰站参数一致的前提下，地对空雷达干扰站运用方式多样性不足，未来可针对更复杂的配置情形展开进一步研究。

参考文献

[1] 武文军. 外（台）军空袭作战研究［M］. 北京：军事科学出版社，2009.

[2] 秦虎，高彬. 组合干扰下的雷达干扰压制区边界［J］. 现代防御技术，2009，37（2）：100-103.

[3] 何俊，黄晨，韩国玺. 对机载轰瞄雷达的多站协同干扰压制区计算［J］. 运筹与管理，2016，25（4）.

[4] 罗广成，李修和，李晓明. 地对空雷达干扰掩护区仿真建模研究［J］. 现代雷达，2014，36（7）：68-72.

[5] 李鹏佳，党双平，罗金亮. 电子干扰无人机掩护空中突防的干扰效能建模与分析［J］. 战术导弹技术，2016（4）.

[6] 罗广成，李修和，金家才，等. 对星载 SAR 压制式干扰掩护区仿真建模研究［J］. 系统仿真学报，2014，26（4）.

[7] 罗金亮，王雷，王平平，等. 航空随队支援干扰掩护区仿真建模研究［J］. 火力与指挥控制，2016，41（6）.

[8] 贺静波，席泽敏. 一种快速绘制干扰区域的算法［J］. 现代雷达，2005，27（3）.

[9] George W Stimson. Introduction to airborne radar［M］. Electronic Industry Press，2005.

[10] 孙智勇，唐宏，程小震. 防空电子战中对机载雷达的干扰［J］. 飞航导弹，2016，（7）：49-53.

[11] 罗景青. 雷达对抗原理［M］. 北京：解放军出版社，2003.

[12] 张锡祥，肖开奇，顾杰. 新体制雷达对抗导论［M］. 北京：北京理工大学出版社，2010.

[13] Gerbl F，Biebl E M. On the optimum antenna pattern for widebeam radar reflectivity estimation［J］. Advances in Radio Science，2007（5）.

[14] 曲卫，吴彦鸿，贾鑫. 对 SAR 卫星天线旁瓣信号侦察研究［J］. 装备指挥技术学院院报，2014，15（2）.